Alexander von Humboldt

W0054178

rowohlts monographien
begründet von
Kurt Kusenberg
herausgegeben von
Uwe Naumann

Alexander von Humboldt

Dargestellt von Thomas Richter

Rowohlt Taschenbuch Verlag

Umschlagvorderseite: Alexander von Humboldt.
Gemälde von Friedrich Georg Weitsch, 1806
Umschlagrückseite: Alexander von Humboldt.
Gemälde von Joseph Stieler, 1843
Floß auf dem Guayaquil. Aquatinta nach einer Skizze
Humboldts aus den «Vues des Cordillères», 1810 – 13, Tafel LXIII

Seite 3: Alexander von Humboldt. Selbstbildnis, Paris 1814

Meinen verstorbenen Großeltern
Rudolf und Maria Wölfl
in Liebe und Dankbarkeit!

Dieser Band ersetzt die 1967 erschienene
Alexander-von-Humboldt-Monographie
von Adolf Meyer-Abich.

Originalausgabe
Veröffentlicht im Rowohlt Taschenbuch Verlag,
Reinbek bei Hamburg, Mai 2009
Copyright © 2009 by Rowohlt Verlag GmbH,
Reinbek bei Hamburg
Umschlaggestaltung any.way, Cathrin Günther,
nach einem Entwurf von Ivar Bläsi
Redaktion Regina Carstensen
Redaktionsassistenz Katrin Finkemeier
Reihentypographie Daniel Sauthoff
Layout Ingrid König
Satz Proforma *und* Foundry Sans *PostScript,*
InDesign 5.0.3
Gesamtherstellung CPI – Clausen & Bosse, Leck
Printed in Germany
ISBN 978 3 499 50712 0

INHALT

Alexander von Humboldt im Alter
von fünfzehn Jahren. Pastell von
Johann Heinrich Schmidt, 1784

Vorspiel auf Schloss Tegel

30. Juli 1781: Im Bibliothekszimmer auf Schloss Tegel saßen zwei Jugendliche an einem alten Eichentisch. Vor ihnen stand ein hagerer junger Mann, etwa Mitte dreißig. Alle drei schwitzten noch, denn sie kamen von einem Rundgang durch den Garten des Schlosses. Dort hatten sie Pflanzen gesammelt, die neben Pflanzenbüchern und Herbarien auf dem Tisch lagen. Der junge Mediziner, Ernst Ludwig Heim, wirkte angestrengt. Er hatte eine verantwortungsvolle Stelle als Stadtarzt in Spandau, und nur der Frau Majorin zuliebe war er heute hier als Hauslehrer von Alexander und Wilhelm von Humboldt. Hauslehrer, auch Hofmeister genannt, waren oftmals Studenten oder Theologen, die keine Pfarrer werden wollten. Eine undankbare Aufgabe für Geisteswissenschaftler, die einen Brotberuf benötigten. Bei Heim war es jedoch etwas anderes.

Alles hatte vor vier Jahren begonnen. Heim wurde ins Schloss gerufen, da beide Kinder ernsthaft erkrankt waren. Damals lebte der Vater noch, Major a. D. Alexander Georg von Humboldt. Die besorgte Mutter führte den Mediziner sogleich an das Krankenlager. Wie so oft machte ihr der jüngere der beiden Söhne den größten Kummer. Alexander hatte Hustenanfälle, Fieber und keinen Appetit. Er galt als das Sorgenkind der Familie! Sein älterer Bruder Wilhelm war ihm immer weit voraus. Beim Lesen und Schreiben ebenso wie bei den Spaziergängen in der Natur. Auch an diesem Tag war es nicht anders. Während Wilhelm kaum noch Fieber hatte, gelegentlich nieste und im Bett schon wieder Bücher las, stieg Alexanders Temperatur von Stunde zu Stunde. Die Familie war besorgt, doch Heim wusste wie immer Rat und konnte dem jungen Patienten schnell auf die Sprünge helfen.

Inzwischen waren einige Jahre vergangen, und Heim saß an diesem sommerheißen Tag den beiden Heranwachsenden gegenüber. Wilhelm folgte aufmerksam, aber distanziert den

Ausführungen des Hauslehrers, während Alexander an seinen Lippen hing. Thema war die Linné'sche Pflanzensystematik. Heim forderte seine beiden Schüler auf, die aus dem Schlossgarten mitgebrachten Pflanzen zu bestimmen. Während Wilhelm angestrengt blätterte, um die passenden Abbildungen in Linnés Werk zu suchen, hatte Alexander schon die richtigen Antworten parat. Er deutete auf die Objekte aus dem Garten und war sofort in der Lage, Gattungs-, Art- und Familienname zu benennen. Auch die volkstümlichen Bezeichnungen sowie die Heilwirkungen der Kräuter konnte er benennen, ohne dass eine Spur von Unsicherheit zu erkennen war. Wilhelm war mit dem Unterricht heute gar nicht zufrieden. Lateinische Vokabeln, unregelmäßige Verben, grammatikalische Spitzfindigkeiten – das waren seine Stärken. Aber an diesem Tag hatte der jüngere Bruder seine Sternstunde. Alexander begann ein Herbarium der gesammelten Pflanzen anzulegen. Dr. Heim war begeistert. Sein Kommen hatte sich gelohnt. Die Euphorie des jungen Schülers hielt zwar nicht lange an, aber ein erster Schritt zur Botanik war getan.[1]

Ein Sohn aus gutem Hause

Alexander von Humboldt war der jüngere Sohn des preußischen Ehepaars Alexander Georg und Marie Elisabeth von Humboldt. Für die Mutter war es die zweite Ehe. Nach dem Tod ihres ersten Mannes heiratete die Witwe von Holwede den einundzwanzig Jahre älteren Major und preußischen Kammerherrn von Humboldt. Aus ihrer ersten Beziehung brachte sie einen Sohn in die Ehe mit, Heinrich Friedrich von Holwede (1763–1817). Darüber hinaus erbte sie von ihrem Mann ein großes Vermögen, das die Basis für den Wohlstand der Familie von Humboldt darstellte. Am 22. Juni 1767 kam in Potsdam der erste Sohn der Familie, Wilhelm, zur Welt, zwei Jahre später der zweite. Alexander von Humboldt wird am 14. September 1769 in Berlin geboren und nach vier Wochen im Berliner Dom getauft. Das Familienglück sollte nur knapp zehn Jahre andau-

Wilhelm von Humboldt im Alter von siebzehn Jahren. Pastell von Johann Heinrich Schmidt, 1784

ern. Der frühe Tod des Vaters am 6. Januar 1779 veränderte die Familie von Humboldt.

Eine Schlüsselstellung nahm nach diesem Schicksalsschlag die Mutter der beiden Söhne ein, sowie Gottlob Johann Christian Kunth, «erster» Hauslehrer und Vertrauter der Familie von Humboldt. Aufgrund des geringen Altersunterschieds wurden beide Brüder gemeinsam unterrichtet. Diese Konstellation war für Alexander mit Nachteilen verbunden. Er interessierte sich für Naturwissenschaften wie Botanik, Geologie und Physik. Wilhelms Stärken lagen eher auf dem Gebiet der Sprachen. Da jedoch im späten 18. Jahrhundert die Philologien einen höheren Stellenwert als die Naturwissenschaften hatten, galt Alexander als weniger talentiert im Vergleich zu seinem älteren Bruder.

Gottlob Johann Christian Kunth musste das zwischen beiden Brüdern bestehende Bildungsgefälle ausgleichen. Als Allround-Pädagoge unterrichtete er die Brüder von Humboldt in den Fächern Mathematik, Deutsch, Latein, Griechisch, Französisch und Geschichte. Zur Rolle des Erziehers kam nach

dem Tod des Vaters noch die Aufgabe des Vermögensverwalters. Kunth war ein guter Pädagoge, und er ließ auch andere Gelehrte im Hause Humboldt zu. Dazu gehörte etwa der Mediziner Ernst Ludwig Heim. Dieser vermittelte Wilhelm und Alexander die Grundlagen der modernen Botanik. Heim war auf dem neuesten Stand der Wissenschaft, und in der Mitte des 18. Jahrhunderts faszinierte der Schwede Carl von Linné die Gelehrtenwelt. Ihm gelang der große Wurf, indem er ein neues Ordnungssystem für die Klassifizierung von Pflanzen einführte. Jahrhundertelang hatte man sich darum bemüht, Ordnung in das Pflanzenreich zu bekommen. Nach der Entdeckung der Neuen Welt explodierte das Wissen über neue Arten geradezu, weshalb die Suche nach einer neuen Systematik zu einer zentralen Aufgabe der Botanik wurde. Linné schuf ein System, indem er die Pflanzen nach ihren geschlechtlichen Merkmalen klassifizierte und sie mit einem von ihm entwickelten Nomenklatursystem bezeichnete. An erster Stelle stand der Gattungsname, es folgte der Artname und schließlich die Familienbezeichnung. Auf diese Weise war es möglich geworden, alle Pflanzen auf der Welt in das Linné'sche System einzuordnen.

Konnte Alexander von Humboldt ahnen, dass er eines Tages selbst neue Pflanzenarten entdecken würde, wie beispielsweise eine in den Anden wild wachsende Rosenart? Die Botanik stellte für den Pflanzenliebhaber Alexander jedenfalls eine Leitwissenschaft dar, die ihn sein Leben lang nicht mehr loslassen sollte. Für die Umwelt waren Alexanders Talente jedoch nicht auf den ersten Blick zu erkennen. Dem jungen Forscher wurde das Prädikat «Der kleine Apotheker»[2] verliehen. Diese Bezeichnung drückte ein hohes Maß an Geringschätzung sowie an Unverständnis aus. Pflanzen waren am Ende des 18. Jahrhunderts in erster Linie für die Heilkunde interessant. Man suchte nach wirksamen Arzneimitteln in der Natur. Die Botanik war daher ein Bestandteil der Medizin und keinesfalls Selbstzweck. Es gab zu Alexanders Zeiten noch keine naturwissenschaftlichen Fakultäten. Deshalb hatte der jüngere Bruder des philologisch begabten Wilhelm von Humboldt einen schweren Stand. Es war die Ära der Geisteswissenschaften, welche das Denken und die Erziehungsideale bestimmte.

Erziehung und Ausbildung fanden jedoch nicht nur durch Hauslehrer statt. Für die bürgerlichen wie die adligen Kreise waren die gesellschaftlichen Zirkel im späten 18. Jahrhundert ein bedeutender Dreh- und Angelpunkt. Hier tauschte man sich über politisch relevante Themen aus, schloss Verträge und wickelte Geschäfte ab. Söhne und Töchter aus gutem Hause wurden in die Gesellschaft eingeführt und lernten das adäquate Auftreten. Nach dem Ort der Zusammenkünfte sprach man vom «Salon», der vor allem auch ein Ort der Bildung war. In Form von Vorträgen oder Experimenten wurden geistes- und naturwissenschaftliche Themen einem interessierten Zuhörerkreis vorgestellt. Auch die beiden Humboldt-Brüder hatten Verbindung zu einem der führenden kulturellen Zirkel in Berlin. Henriette und Marcus Herz gehörten zur Kulturszene der preußischen Metropole und verkehrten in den höchsten gesellschaftlichen Kreisen. Der Mediziner Marcus Herz begeisterte sich vor allem für physikalische Fragen,

Henriette Herz (1764–1847), Jugendfreundin der Brüder Humboldt. Gemälde von Anna-Dorothea Therbusch, 1778

über die er auch Vorträge hielt. Die Elektrizitätslehre faszinierte ihn ganz besonders. Herz war aber nicht nur an theoretischen Themen, sondern auch an praktischen Versuchen interessiert. So unterstützte er die Familie Humboldt, die einen der ersten Blitzableiter in Berlin auf Schloss Tegel installierte.[3]

Neben der Botanik entdeckte Alexander von Humboldt in seiner Jugend aufgrund des Kontakts zu Marcus Herz ein weiteres wissenschaftliches Betätigungsfeld. Er führte in den frühen neunziger Jahren zahlreiche galvanische Experimente durch. Alexander ging es dabei vor allem um den Einfluss des elektrischen Stroms auf die Muskelbewegungen. Dazu unternahm er nicht nur Versuche an Froschmuskeln, sondern auch an sich selbst. Schloss Tegel ist daher für den jungen Forscher ein bedeutender Ort, wo er seine wissenschaftlichen Neigungen entdeckte. Sie stehen in engem Zusammenhang mit zwei Personen, die eine große Rolle im Leben des Gelehrten spielten: Marcus Herz, dem physikbegeisterten Arzt, sowie Ernst Ludwig Heim, dem botanisierenden Mediziner. Die Verbindung von persönlichen Freundschaften und wissenschaftlichen Interessen war ein charakteristisches Phänomen im Leben Alexander von Humboldts. Das Knüpfen von Netzwerken zog sich wie ein roter Faden durch die Biographie des Naturforschers.

Universität Langeweile

November 1787: Frankfurt, eine graue Stadt an der Oder. Das Wetter war trüb und es regnete leicht. Zwei junge Männer befanden sich auf dem Weg zur Universität. Beide kamen aus Berlin, sie waren Brüder. Die Bildungseinrichtung zählte keineswegs zu den ersten Adressen in Europa. Der Erzieher und Hofmeister Johann Christian Kunth hatte zusammen mit der Mutter diesen Studienort ausgewählt, denn Frankfurt an der Oder lag nicht allzu weit von Berlin entfernt. Daher konnten Mutter oder Hauslehrer sehr schnell nach dem Rechten sehen. Zudem war die im Jahr 1506 gegründete erste brandenburgische Landesuniversität Kaderschmiede für den preußischen Beamtenstaat, und für die Humboldt-Brüder waren Funktionen in der Verwaltung Preußens vorgesehen. Für den hochbegabten Wilhelm hatte man die Juristerei ausgewählt, für den weniger talentierten jüngeren Bruder das Fach Kameralwissenschaften. Ein Abschluss in diesem Studiengang qualifizierte für eine Position im Staat. Während Mutter und Erzieher den sprachgewandten Wilhelm in der Rolle des Diplomaten sahen, schien für Alexander eine Position in der Verwaltung ausreichend.

Ohne große Motivation studierte Alexander in Frankfurt an der Oder. Ein Gelehrter, Professor Christian Ernst Wünsch, hielt eine Vorlesung für einen ausgewählten Studentenkreis zum Thema «Ökonomie».[4] Zwar berührte der «verrückte Gelehrte»[5] das Thema Botanik. Doch Alexander hörte schon nach wenigen Sätzen nicht mehr zu. Der Student hatte das Bedürfnis, noch mehr über die Welt der Pflanzen zu erfahren. Er liebte die Natur mit all ihren Schönheiten und Geheimnissen. Und Alexander fasste noch einen zweiten Entschluss. Er wollte auf keinen Fall in Frankfurt an der Oder versauern und beschloss, nach den Semesterferien nicht dorthin zurückzukehren.

Zweifellos hätte Alexander von Humboldt gern ein naturwissenschaftliches Studium aufgenommen. Es gab jedoch keine geeignete Fakultät im späten 18. Jahrhundert. Die Medizin wäre sicherlich auch eine Möglichkeit gewesen. Diese stellte jedoch in erster Linie eine Aufstiegsmöglichkeit für Kinder aus bürgerlichem Umfeld dar. Alexander und Wilhelm stammten aus adligem Hause. Daher kam für die Mutter sowie den Hofmeister Kunth für die beiden Söhne nur eine Position im preußischen Staatswesen in Frage. Das Wintersemester 1787/88 wäre für Alexander in seinem weiteren Leben kaum eine Fußnote wert gewesen, wenn man diese Zeitspanne nur im Hinblick auf seine wissenschaftlichen Interessen betrachten würde. Persönlich war die Zeit in Frankfurt aber ein großer Gewinn, denn er schloss mit dem Theologiestudenten Wilhelm Gabriel Wegener einen Freundschaftsbund. Dank eines umfangreichen Briefwechsels zwischen den beiden Studenten ist man über ihre Beziehung in Frankfurt an der Oder gut informiert.[6]

Freundschaften prägen in der Jugend die menschliche Persönlichkeit. Alexander pflegte in seinem Umfeld Freundschaften zu einigen Männern. Da er zeit seines Lebens unverheiratet geblieben ist, wurden Rückschlüsse auf homosexuelle Neigungen des Gelehrten geschlossen. Der emotionale Briefstil Humboldts in der Korrespondenz mit Wegener dient jedoch nicht als Beweis für eine homosexuelle Neigung des Gelehrten. Quellen aus dieser Zeit zeigen, dass ein sehr persönlicher Schreibstil ein Charakteristikum des späten 18. Jahrhunderts ist.[7] Ein Brief Alexanders aus Berlin vom 8. Mai 1788 an Wegener liefert nicht nur Informationen zum Verhältnis zum Studienkollegen aus Frankfurt an der Oder, sondern erwähnt auch Henriette Herz, die Frau des Mediziners Marcus Herz:

Lieber Bruder! [...] Daß der Mund am beredtesten ist, wenn das Herz empfindet, davon hat mich der Eingang Deines lezten Briefes, den Du mir mit einer so edlen Wärme geschrieben hattest, auf eine eben so lebhafte, als angenehme Weise überzeugt. Wahr und vorzüglich schön ist Deine Bemerkung über die Weißheit des Schöpfers, der uns im physischen und moralischen mehr vor, als um und neben uns

*sehen läßt. Ich theilte dieselbe vor wenigen Tagen einer Freundinn
mit, deren Urtheil für mich eine große Gültigkeit hat; die Edle sagte,
daß sie den Mann wünsche kennen zu lernen, «der so wahr und
schön empfände.» Da nannte ich ihr Deinen Namen und erzählte von
Dir, was mir die Liebe in den Mund legte. Es ist ein süßes Gefühl, seine Freunde loben zu können [...]. Ich will Dir auch die Frau nennen,
welche aus Deinen Worten so richtig in Deinem Herzen las. Es ist
die schönste und auch die klügste, nein! ich muß sagen, die weiseste
unter den Frauen, Henriette Herz.*[8]*

Dieser Brief ist Ausdruck des sehr innigen Verhältnisses
zwischen Alexander von Humboldt und Wilhelm Wegener.
Die Freundschaft hat dem Studenten im ersten Semester über
den tristen Winter in Frankfurt hinweggeholfen. Humboldts
Zeilen verraten aber auch, dass man sich über geistige Themen
ausgetauscht hat. Der Theologe legte Wert auf die Meinung
des naturwissenschaftlich denkenden Freundes, der in einem
kameralwissenschaftlichen Studiengang seine Talente nicht
verwirklichen konnte. Theologische Aussagen wie in diesem
Brief wird man in den fachlichen Veröffentlichungen Humboldts vergeblich finden. Aus diesem Grund sind die Schreiben
an Wegener eine Besonderheit, da sie die religiöse Seite des
späteren Naturforschers offenbaren.

Schließlich zeigt der Brief eine weitere typische Eigenschaft Alexander von Humboldts auf: das Spinnen von Netzwerken. In diesem Fall wird Henriette Herz ins Spiel gebracht.
Sie war eine beeindruckende Erscheinung, attraktiv und sehr
gebildet. Humboldt scheint vor allem diese Kombination fasziniert zu haben. Der Brief, der eher eine geistige «menage à
trois» favorisiert, lässt die Frage nach Humboldts sexueller
Orientierung offen. Sie hat letztlich auch keine Bedeutung für
die Beurteilung seines Lebenswerks.

Der Aufbruch von Frankfurt an der Oder nach Berlin am
23. März 1788 war eine Flucht aus der Enge. Aber auch seinem älteren Bruder Wilhelm schien es im zurückliegenden
Wintersemester nicht besser ergangen zu sein. Er wechselte
an die Universität Göttingen, während Alexander ein Jahr in
Berlin blieb. Diese Zeit nutzte er, um sich unter Anleitung des

Humboldt im Park von Schloss Tegel. Kolorierter Stahlstich
von Johann Poppel, um 1850, nach Ludwig Rohbock

Hofmeisters Kunth in verschiedenen Wissensgebieten wei-
terzubilden. Dazu gehörten Physik und Mathematik, ebenso
Griechisch und Philosophie. Die Auswahl der Fächer zeigt,
dass Alexander noch immer auf der Suche war. Wilhelm wiederum besuchte mit der Universität Göttingen eine der führenden Hochschulen im deutschsprachigen Raum. Noch war
der ältere Bruder dem jüngeren weit voraus, sodass Alexander
weiterhin im Schatten Wilhelms stand, aus dem er sich nur
allmählich lösen konnte.

In einer Vorlesung, die Alexander im Sommersemester
1788 an der Universität Berlin hörte, fiel der Name eines Botanikers, der seine Studien soeben beendet hatte und in die
preußische Metropole zurückgekehrt war: Carl Ludwig Willdenow.[9]

Er war ausgebildeter Apotheker und beschäftigte sich
mit botanischen Fragestellungen. Typisch für Humboldt war
die Kombination von persönlicher Freundschaft und gemeinsamen Forschungsinteressen. Willdenow sorgte dafür, dass

sich der Blickwinkel Alexanders erweiterte. Pflanzen wurden jetzt nicht mehr im häuslichen Schlosspark von Tegel gesucht. Der Botaniker nahm den Studenten im Freisemester mit auf botanische Wanderungen durch die Wiesen und Wälder in der Umgebung Berlins. Humboldt erfuhr auf diese Weise, wenn auch noch in bescheidenem Umfang, eine Erweiterung seines Aktionsradius. Er erkannte, dass der Weg zur Erkundung neuer und bekannter Pflanzenarten letztlich sein Ziel war. Damit zeichnete sich auch das Erschließen eines neuen Wissensgebiets ab. Die Pflanze war keineswegs nur als solche ein lohnendes Objekt für den Botaniker, sondern seine Aufgabe würde auch darin bestehen, die Flora am Standort zu erforschen. Diese Erkenntnis war Keimzelle für die Entstehung der Pflanzengeographie, die Humboldt etwa zehn Jahre später auf seiner Reise nach Süd- und Mittelamerika sehr intensiv betreiben sollte.

Carl Ludwig Willdenow, 1765 geboren, stammte aus einer Berliner Apothekerfamilie. Nach der Lehrzeit studierte er Medizin in Halle und wurde dort promoviert. Danach übernahm Willdenow 1789 die väterliche Apotheke. Neben seiner praktischen Tätigkeit beschäftigte er sich mit botanischen Fragestellungen. Aufgrund der gemeinsamen Interessengebiete entwickelte sich eine persönliche Freundschaft zwischen ihm und dem jungen Alexander von Humboldt. Willdenows Werk «Grundriß der Kräuterkunde» wurde ein Standardwerk der Botanik um 1800. Im Jahr 1798 wurde der Apotheker Professor an dem Berliner Collegium Medicorum. Von 1801 bis zu seinem Tod 1812 war er Direktor des Botanischen Gartens in Berlin. Kurz vor seinem Tod besuchte Willdenow Humboldt in Paris und ordnete das von der Tropenreise mitgebrachte Pflanzenmaterial.

Nach dem Jahr in Berlin folgte Alexander seinem Bruder an die Universität Göttingen, der dort schon zwei Semester studiert hatte. Auch wenn die Kameralwissenschaften an einem anderen Studienort nicht weniger trocken waren als in Frankfurt an der Oder, so gab es an der Georg-August-Universität doch Kapazitäten, die die Hörer in ihren Bann zogen. Einer der besten Köpfe in Göttingen war der Altphilologe Christian Gottlob Heyne. Er war einer der Ersten, der seinem Hörerkreis ein spannendes Gebiet erschloss: die griechische Mythologie. Viele Professoren übersetzten vor allem die antiken Werke in die deutsche Sprache. Heyne ging einen Schritt weiter und beschäftigte sich mit den Göttern und Helden Griechenlands sowie Roms. Dabei bezog er sich nicht nur auf schriftliche Quellen, sondern setzte sich auch mit archäologischen Zeugnissen auseinander. Heynes Art der Antikenforschung löste gegen Ende des 19. Jahrhunderts in der Gelehrtenwelt eine Begeisterungswelle aus, die als «Klassizismus» in die Geschichte einging. Auch die beiden Humboldts wurden von den Göttinger Vorlesungen zur Antike in ihren Bann gezogen: *Wenn man Heynens Homer hört, die Art wie er die ältesten Mythen interpretirt, seine Art über die Kindheit des Menschengeschlechts zu raisonniren und seine immerwährenden Vergleichungen des Homers und Moses – so sieht man die richtige Erklärung des Alten Testaments gleichsam von selbst entstehen. Heyne ist der Mann, dem unser Jahrhundert gewiß am meisten verdankt, religiöse Aufklärung durch eigene Lehre und Bildung junger Volkslehrer, Liberalität im Denken, Anfang einer gelehrten Archeologie und erste Verbindung des Aesthetischen mit dem Philologischen.*[10]

Humboldts Beurteilungen von Heyne, die aus einem Brief an seinen Freund Wegener vom 17. August 1789 stammen, sind eine Zusammenfassung seines wissenschaftlichen Glaubensbekenntnisses. Es ist eine Absage an jede Art von Scheuklappendenken. Vergleiche zwischen dem Alten Testament und der Antike dürfen gezogen werden. Die Mythen sind in den Augen Heynes und somit auch Humboldts ein multikulturelles Phänomen. Damit wurde in Göttingen die Basis für Humboldts Verständnis der Kulturen auf der ganzen Welt gelegt. Archäologische Zeugnisse, wie beispielsweise die Büste einer aztekischen Priesterin in Mexiko, die er einige Jahre später in seinen Reisewerken beschreiben wird[11], stehen für den Naturforscher auf der gleichen Ebene wie die antiken Denkmäler.

Dieses Denken ist eine Absage an jede Form kolonialer Arroganz gegenüber der Kultur aus der Neuen Welt. Es verwundert nicht, dass in diesem Brief die *Liberalität im Denken* ein Schlüsselbegriff ist. Es ist kein Zufall, dass nur wenige Wochen vor dem Verfassen des Briefes mit dem Sturm auf die

Bastille am 14. Juli 1789 die Französische Revolution begann. Humboldt wurde in Göttingen von einem geistigen Veränderungsprozess erfasst, dessen Auswirkungen auf seine Biographie ihm zum damaligen Zeitpunkt noch keineswegs bewusst waren.

Ein anderer Gelehrter, dessen Vorlesungen Alexander in Göttingen hörte, war der Physiker Georg Christoph Lichtenberg. Er war seit 1770 Professor für Physik, Mathematik und Astronomie an der Georg-August-Universität. Lichtenberg vertrat ein weites Spektrum an naturwissenschaftlichen Fächern, denn er hielt auch Vorlesungen zur Meteorologie sowie in Astronomie und Chemie. Seine besondere Liebe galt aber der Experimentalphysik. Diese wurde den Studenten nicht als trockene Materie vermittelt, sondern anschaulich und lebendig. Dazu baute Lichtenberg viele praktische Versuche in seine Unterrichtsveranstaltungen ein. Für die Demonstration der Gewitterelektrizität benutzte er beispielsweise fliegende Drachen.

Alexander von Humboldt fühlte sich in den Lichtenberg'schen Vorlesungen und Praktika wie zu Hause. Er erinnerte sich an die physikalischen Vorträge von Marcus Herz und die ersten Blitzableiter auf Schloss Tegel – denn auch Lichtenberg hatte diese Geräte in seine Gartenhäuser eingebaut. Neben seiner ausgezeichneten Didaktik erzog Lichtenberg seine Hörer zu einem strengen induktiven Denken. An erster Stelle sollte der Versuch stehen, daraus sollten die Studenten die physikalischen Gesetze ableiten. Naturwissenschaftliches Spekulieren bekämpfte Lichtenberg aufs schärfste. So hatte er auch für die Lavater'sche Lehre von der Physiognomik nur Verachtung übrig: Der Zürcher Theologe Johann Kaspar Lavater hatte ein System begründet, das aufgrund äußerer Merkmale die menschlichen Charaktereigenschaften erkennen wollte.

Humboldts klares naturwissenschaftliches Denken war ganz im Sinne Lichtenbergs. Daher schickte[12] Alexander auch eine seiner ersten Publikationen über eine geologische Untersuchung[13] zu Basaltfelsen an seinen Lehrer Lichtenberg.

Dieser sollte den Aufstieg seines Schülers nicht mehr erleben. Lichtenberg verstarb am 24. Februar 1799, wenige Monate bevor Humboldt seine Forschungsreise unternahm.

Das Wintersemester 1789/90 ging schnell vorbei. Alexander blieb nur ein Semester in Göttingen. Im darauffolgenden Sommer unternahm er seine erste Expedition mit Georg Forster, den er über seinen Bruder kennengelernt hatte. Die führte

Georg Forster. Gemälde von Johann Heinrich Tischbein, 1782

Mit dem jungen Georg Forster brach Alexander von Humboldt am 25. März 1790 zu einer Forschungsreise auf, die von Mainz aus über den Rhein, die Niederlande bis nach England führte. Humboldt konnte von den Erfahrungen des fünfzehn Jahre älteren Forsters profitieren, der seinen Vater Reinhold auf der zweiten Weltreise von James Cook begleitet hatte. Während die beiden Gelehrten unterwegs waren, untersuchten Humboldt und Forster nicht nur Naturerscheinungen, sondern beschäftigten sich auch mit den politisch-gesellschaftlichen Verhältnissen in Europa. Am 11. Juli 1790 kehrten sie nach einem Paris-Abstecher nach Mainz zurück. Georg Forster beschreibt in seinen «Ansichten vom Niederrhein, von Brabant, Flandern, Holland, England, Frankreich im April, Mai und Junius 1790» die Reise. Seine Darstellungsweise prägte den Erzählstil Humboldts, der in den «Ansichten der Natur» den Essay als literarische Form wählte.

über den Rhein, in die Niederlande und nach England, und förderte den Entschluss Humboldts, eines Tages eine Reise um die ganze Welt zu unternehmen. Pflichten ließen diese Absicht jedoch noch in weite Ferne rücken. Alexander von Humboldt war für eine Position im preußischen Verwaltungsapparat vorgesehen. Zur Vervollkommnung seiner kameralwissenschaftlichen Kenntnisse hatte er noch ein Semester an der Handelsakademie von Johann Georg Büsch in Hamburg zu absolvieren. Sein letztes Semester verbrachte er daher 1790 und 1791 in der Hansestadt. Eine kleine Abwechslung stellte eine achttägige Reise zur Insel Helgoland dar. Im nächsten Frühjahr verließ Humboldt die Stadt an der Elbe, und für den knapp Zweiundzwanzigjährigen sollte jetzt der Ernst des beruflichen Alltags beginnen.

Unter Tage –
Bergbauingenieur in Franken

Die Hitze wurde immer unerträglicher, sein Rucksack, vollgestopft mit Instrumenten und Büchern, immer schwerer. Seit fast zwei Wochen war er pausenlos unterwegs, zuerst Berlin, danach Brandenburg und schließlich Thüringen. Für Alexander von Humboldt war 1792 ein Erfolgsjahr. Nach den Tagen in Frankfurt an der Oder, Göttingen und Hamburg konnte er seine Talente allmählich entfalten. Die Mutter und der Hauslehrer hatten ihn zwar für eine Beamtenposition im preußischen Staat vorgesehen, und da gab es zunächst auch kein Entkommen. Alexander hatte sich aber dennoch auf seine Weise durchgesetzt. Er wollte nicht schon wieder im Fahrwasser seines Bruders Wilhelm schwimmen. Da erschien ihm eine Tätigkeit im preußischen Bergdienst genau das Richtige.

Nach einem Jahr Ausbildung an der Bergakademie im sächsischen Freiberg bot sich die Möglichkeit, die Welt über und unter Tage mit ihren staunenswerten Naturerscheinungen zu erkunden. Preußen war groß und reichte im 18. Jahrhundert bis nach Franken. Berlin war weit, aber nicht so weit, dass der Kontakt zur Familie abriss. Wilhelm war in Thüringen. Er hatte im Jahr zuvor in Erfurt geheiratet und war dabei, eine Familie zu gründen. Da Alexander nicht mehr auf den Spuren seines älteren Bruders wandeln und endlich als eigenständige Persönlichkeit wahrgenommen werden wollte, trat er mit großer Begeisterung seine neue Tätigkeit im preußischen Bergdienst an. Verlockend an dieser Position war, dass er viel unterwegs sein konnte.

Die erste Dienstreise hatte ihn zu Beginn des Monats Juni 1792 nach Brandenburg geführt. Jetzt war er dienstlich nach Erfurt gereist und erwartete dringend ein amtliches Schreiben aus Bayreuth, wie es weitergehen sollte. Endlich traf der ersehnte Brief ein. Der Auftrag lautete: im thüringischen Saalfeld ein Farbenwerk sowie die Zeche «Pelikan» besichtigen. Auf dem Weg dorthin traf er sich in Jena mit seinem Bruder Wilhelm, der Unterkunft bei der Familie Schiller bezogen hatte.[14]

In dem Haus in Jena dürfte es auch zu einem ersten Zusammentreffen mit Friedrich Schiller gekommen sein. Ob Humboldt gleich bei dieser Begegnung mit dem Hausherrn einen schlechten Eindruck hinterlassen hat, lässt sich nicht genau feststellen. Sechs Jahre später zeichnet Friedrich Schiller in einem Brief an Christian Gottfried Körner ein vernichtendes Bild des jungen Alexander von Humboldt: «Alexander imponiert sehr vielen, und gewinnt in Vergleichung mit seinem Bruder meistens, weil er ein Maul hat und sich geltend machen kann. Aber ich kann sie, dem absoluten Werth nach, gar nicht miteinander vergleichen, so viel achtungswürdiger ist mir Wilhelm.»[15]

Am 7. Juli 1792 ist Alexander auf dem Weg zur Zeche «Pelikan» im thüringischen Saalfeld. Es war ein sehr heißer Tag,

Szene in einem Bergwerk des 18. Jahrhunderts. Holzschnitt

und der Weg war beschwerlich. Alexander hatte sich bei dem Gewaltmarsch einen Fuß wundgelaufen. Zur Frühschicht, die um vier Uhr morgens begann, wollte er bereits in die Zeche eingefahren sein.[16] Endlich erreichte er sie, und der Weg nach Thüringen hatte sich gelohnt. In den Stollen untersuchte Alexander die unzähligen Gesteinsschichten. Gehetzt eilte der Bergbauingenieur zu den nächsten Zechen in Thüringen. Sie trugen interessante Bezeichnungen wie *Frisch-Glük*, *Unverhofte Freude* oder *Eiserner Johannes*.[17] Alexander von Humboldt sah in den Gesteinsformationen, die er besichtigte, eine Bestätigung einer zentralen Erdentstehungstheorie im späten 18. Jahrhundert. Durch seinen Lehrer Abraham Gottlob Werner war er in Berührung mit der These gekommen, dass geologische Veränderungen auf den Einfluss der Gewässer zurückgehen. Diese Theorie erschien ihm vor den unterirdischen Gängen in den Zechen schlüssig, da er in den Gesteinsformationen die Wirkung des Wassers mit eigenen Augen erkennen konnte.

Eine entscheidende Erweiterung seines wissenschaftlichen Weltbilds hatte Alexander von Humboldt während seines Studiums an der Bergakademie im sächsischen Freiberg erlebt. Seine am 14. Mai 1791 beim zuständigen Ministerium eingereichte Bewerbung führte sofort zum Erfolg. Der Name «von Humboldt» besaß in der aristokratischen Gesellschaft Preußens Gewicht. Darüber hinaus hatte Alexander sich die Grundkenntnisse über das preußische Verwaltungswesen im Rahmen seines kameralistischen Studiums erworben. Es fehlte nur noch eine praktische Ausbildung, die Alexander wenige Wochen nach seiner Bewerbung beginnen konnte.[18] Dazu reiste er am 3. Juni 1791 nach dem sächsischen Freiberg, um an der dortigen Bergakademie zwei Semester zu studieren. Allmählich begannen sich die Jugendträume Alexanders zu verwirklichen. Zum einen war eine Tätigkeit im staatlichen Montandienst mit vielen Reisen verbunden. Viele technische Fragen konnten nicht am Schreibtisch geklärt, sondern mussten vor Ort entschieden werden. Zum anderen war die Bergakademie in Sachsen mit einer modernen naturwissenschaftlichen

Fakultät zu vergleichen. Die angehenden Bergbauingenieure wurden in den Fächern ausgebildet, die Alexander besonders interessierten, wie beispielsweise Geologie, Physik, Botanik und Chemie.

Eine herausragende Kapazität in Freiberg war der Gelehrte Abraham Gottlob Werner.[19] Er unterrichtete seine Studenten nicht nur in den praktischen Dingen des Bergbauwesens, sondern beschäftigte sich auch mit einer der ganz entscheidenden Fragen der Wissenschaft um 1800, nämlich der Entstehung der Welt. Folgte man den Aussagen der Theologen und der Bibel, so bildete sich das Land aus dem Wasser, wie es am dritten Schöpfungstag im Buch Genesis beschrieben ist.[20] Mit den Aussagen des Alten Testaments hatten die Naturforscher im Lauf der Jahrhunderte jedoch ihre Schwierigkeiten. Der Jesuit Athanasius Kircher (1602–1680) versuchte etwa die Regenmenge zu berechnen, die zum Entstehen einer Sintflut erforderlich gewesen wäre.[21] Er stieß an wissenschaftliche Grenzen, da nach seinen Berechnungen eine solche Regenmenge nicht möglich war. Als Theologe verwies er auf die Allmacht Gottes, die sich jeder mathematischen Berechnung entzog. In den Augen der

Freiberg in Sachsen, Alexander von Humboldts Studienort 1791/92. Kolorierter Kupferstich, um 1820

katholischen wie auch der protestantischen Theologie war die Bibel bis ins 18. Jahrhundert hinein eine Quelle absoluter Wahrheit. Im Fall der Erdentstehung war die Angelegenheit jedoch etwas komplizierter als bei der Sintflut.

Humboldts Lehrer im sächsischen Freiberg hatte für eine bibelkonforme Entstehung der Welt aus dem Element Wasser naturwissenschaftliche Argumente. Waren nicht die vielen Versteinerungen in den Kalkböden Zeugen dafür, dass bestimmte Regionen einst von einem großen Meer beherrscht wurden? Wie sonst konnte ein Meeresbewohner wie beispielsweise ein Ammonit auf einem Acker in Süddeutschland auftauchen?

Humboldt schloss sich zunächst der Erdentstehungstheorie seines Lehrers Werner an und zählte daher zur Partei der «Neptunisten», die glaubten, die Erde und ihre Landschaften seien Resultate des Elements Wasser. Ungefähr zur selben Zeit formierte sich eine Gegenpartei, die «Vulkanisten». Sie betrachteten die Entstehung der Erde als Resultat des Elements Feuer. Dessen äußere Erscheinungen seien Vulkane und Erdbeben, die massive Veränderungen der Erdtektonik zur Folge haben. Beide Lager führten die wissenschaftliche Auseinandersetzung nicht nur mit sachlichen Argumenten.

Hinter dem Streit verbargen sich diametrale weltanschauliche Gegensätze. Ein bedeutender Vertreter des Neptunismus war Johann Wolfgang von Goethe.[22] Nach seiner Überlegung sprach gegen den Vulkanismus die Tatsache, dass mit dem Element Feuer

Johann Wolfgang von Goethe hat sich im «Faust» mit naturwissenschaftlichen Themen auseinandergesetzt. Im zweiten Teil der Tragödie treten in der Szene «Klassische Walpurgisnacht» zwei griechische Philosophen auf: Thales erklärt die gesamte Entstehung der Welt mit dem Element Wasser: «Im Feuchten ist Lebendiges erstanden», während Anaxagoras die Entstehung der Erde als Resultat des Feuers betrachtet: «Durch Feuerdunst ist dieser Fels zu Handen.» Die beiden Philosophen stehen für zwei verschiedene Erdentstehungstheorien, den Vulkanismus (auch Plutonismus genannt) sowie den Neptunismus. Anaxagoras, der Vulkanist, sieht die Vorteile des Feuers in einer Beschleunigung der geologischen Entstehungsprozesse. Thales entgegnet, dass gerade das «lebendige Fließen» in der Natur den Faktor Zeit benötigt.

heftige und plötzliche Veränderungen in Verbindung gebracht werden. Das Element «Wasser» stellte in den Augen des Weimarer Gelehrten dagegen ein Symbol für den allmählichen Wandel der Dinge dar. Selbstverständlich hatte man bei diesem Disput auch die politischen Strukturen im Hinterkopf. Goethe verglich den Vulkanismus in seiner destruktiven Wirkung mit der Französischen Revolution. Er sympathisierte mehr mit stetigen Umbildungen, die sich für ihn im Element Wasser widerspiegelten.

Alexander von Humboldt konnte zwischen Weltanschauung und Naturwissenschaft differenzieren. Für ihn zählten letztlich die wissenschaftlichen Beweise. Solange diese nicht erbracht wurden, betrachtete er die Dinge ergebnisoffen. Während seines Studiums an der Bergakademie in Freiberg war er ein Anhänger der neptunistischen Theorie. Darin wurde er von seinem Lehrer Abraham Gottlob Werner bestätigt. Die Tropenreise des Naturforschers, die ihn zu einigen Vulkanen in Süd- und Mittelamerika führen sollte, lieferte jedoch später Argumente für eine vulkanistische Theorie der Erdentstehung.

Vierzehn Tage nach seiner Ankunft in Freiberg musste Alexander die Stadt wieder verlassen. Sein Bruder Wilhelm feierte am 29. Juni 1791 in Erfurt Hochzeit mit Caroline von Dacheröden. Die junge Braut stammte aus dem thüringischen Adel [23] und schien der künftigen Schwiegermutter sowie dem Erzieher Kunth eine adäquate Ehefrau für den ältesten Sohn zu sein. Ein weiterer günstiger Umstand für das Netzwerk der beiden Brüder von Humboldt war die Tatsache, dass Caroline mit Schillers späterer Braut Charlotte von Lengefeld bekannt war. Über die beiden Ehefrauen entwickelte sich zwischen Friedrich Schiller und Wilhelm von Humboldt eine Freundschaft, die von gegenseitigem Respekt getragen wurde. Daher schneidet der ältere Bruder im Urteil Schillers besser ab als der jüngere Alexander. Schiller schreibt in einem Brief an Körner: «Es hat mich erfreut zu hören, daß Du Dir im Umgang mit Humboldten so wohl gefallen hast. Zum Umgang ist er auch recht eigentlich qualifiziert, er hat ein seltenes reines Interesse

Wilhelm von Humboldt (1767–1835).
Zeichnung von Johann Gottfried Schadow, 1802

an der Sache, weckt jede schlummernde Idee, nöthigt einen zur schärfsten Bestimmtheit, verwahrt dabey vor der Einseitigkeit, und vergilt jede Mühe die man anwendet, um sich deutlich zu machen, durch die seltene Geschicklichkeit, die Gedanken des andern aufzufassen und zu prüfen.»[24]

Die Familien Wilhelm von Humboldts und Friedrich Schillers wohnten eine Zeitlang in Jena, bis sich ihre Wege trennen sollten. Das Verhältnis Caroline von Dacherödens zum künftigen Schwager Alexander schien nicht einfach gewesen zu sein. In einem Brief an ihren damaligen Verlobten berichtet Caroline von Alexanders kompliziertem Gefühlsleben. Dessen Emotionalität beeindruckt sie stärker, als sie zugeben will: «Der Brief von Alexander hat mich bewegt. Es ist eine Lebhaftigkeit der Empfindung darinnen, die mich überrascht hat. Glaube nicht, daß er mir lieber wird, gewiß wird er es nicht. Sein Brief an mich ist so unbedeutend, daß ich ihn Dir nicht schicke. Ich habe ihm geantwortet, und ich denke, darauf soll ein besserer kommen. Daß der sich einbildet, zu unserer Verbindung beigetragen zu haben, ist eine Marotte, die man ihm wohl gönnen kann. Il ne faut pas se moquer de tout le monde. Wenn er nun Spaß daran findet, sich die Einwilligung der Mama schwierig zu denken und die Negotiation zu führen, so laß ihm die Freude, vielleicht hat er auch nicht so ganz unrecht. Die Mama kann wirklich andre Aussichten mit Dir haben, Pläne zu Heiraten, die sie für Dein künftiges Etablissement vorteilhafter glaubt. Was weiß ich, wer kann so einem Mama- und Kunthschen Kopf nachrechnen.»[25]

Die Aussagen Carolines zeigen Alexander in der Rolle, die er bis zu seinem Studium an der Bergakademie in Freiberg gespielt hat. Er fühlte sich seinem Bruder Wilhelm unterlegen und bemühte sich mit allen Mitteln, Aufmerksamkeit zu erregen. So betätigte er sich als Heiratsvermittler gegenüber seiner Mutter und dem Hauslehrer, die er scheinbar von der Einwilligung zur Eheschließung überzeugen wollte. Alexander traf tatsächlich einen wunden Punkt der jungen Verlobten, da sie selbst an ihrer Rolle zweifelte, den Ansprüchen der Familie von Humboldt gerecht zu werden. Sieht man von der Tatsache einmal ab, dass es sich hier um die Gefühlsaufwallungen von Zwanzigjährigen handelt, so zeigt der Brief Carolines, dass Alexander kurz vor Beendigung seines Studiums in Göttingen noch auf der Suche nach seiner Bestimmung war, während Wilhelm sich im Leben schon etabliert hatte.

Zwei Jahre später sah die Situation anders aus. Alexander hatte seinen beruflichen Weg vorerst gefunden und reiste zur Hochzeit seines Bruders nach Erfurt. Sein geschätzter Lehrer Werner empfahl ihm, Angenehmes mit dem Nützlichen zu verbinden. Damit die Unterbrechung des Studiums keine negativen Auswirkungen auf den Wissensstand des angehenden Ingenieurs nach sich zog, sollte Alexander auf den Rat Werners hin geologische Beobachtungen auf der Reise nach Thüringen durchführen.

In Freiberg fand Alexander auch ein Pendant zu seinem Kommilitonen Wegener aus Frankfurt an der Oder. Mit dem Studenten Johann Carl Freiesleben brach er im August 1791 zu einer Exkursion nach Böhmen auf. Nach einem Jahr war die Ausbildung abgeschlossen, und Alexander traf am 27. Februar 1792 wieder in Berlin ein. Etwa eine Woche später erhielt er die Ernennung zum «Assessor cum voto» im preußischen Bergdepartement. Beruflich stieg Alexander schnell auf, und bereits nach einem halben Jahr wurde er zum Oberbergmeister in den fränkischen Fürstentümern befördert. Zu Preußen gehörte im späten 18. Jahrhundert nämlich das fränkische Fürstentum Ansbach-Bayreuth. Chef der Verwaltung für dieses Gebiet war der spätere Staatskanzler Karl August Freiherr von Hardenberg, der die Talente und das Engagement des jungen Oberbergmeisters erkannte. Er schickte Alexander von Humboldt auf viele Reisen und Exkursionen durch Süd- und Mitteldeutschland. Eines seiner vielen Besuchsziele war im Jahr 1792 ebenjene Zeche «Pelikan» bei Saalfeld.

Für die Tätigkeit im staatlichen Bergbauwesen benötigte man neben naturwissenschaftlichen Kenntnissen auch eine gute körperliche Verfassung, wie Alexander in einem Brief an seinen ehemaligen Kommilitonen von Freiesleben mitteilt: *[…] in Einem Tage bin [ich] von Saalfeld zu Fuß hin- und hergelaufen und habe in der schreklichen Hitze vom Morgen 4 Uhr bis Abends 6 Uhr befahren den Pelikan, Frisch-Glük, Unverhofte Freude, den Eisernen Johannes, den Dünkler und ein Stük Stollen. Den einen Fuß habe ich mir wirklich arg durchgelaufen, aber er wird schon heilen.*[26]

Am 24. Mai 1793 kam Alexander von Humboldt nach Bayreuth und trat dort nach einem längeren Aufenthalt in Berlin endgültig seine Stelle als Oberbergmeister in Franken an. Er bezog ein Anwesen in Bad Steben, welches als Jagdhaus der Markgrafen von Ansbach-Bayreuth errichtet worden war. Dort fand er Zeit, sich von seinen anstrengenden Reisen auszuruhen und an seinen Manuskripten zu arbeiten.[27] Die folgenden drei Jahre waren gekennzeichnet von vielen beruflichen Aktivitäten. Langsam stellten sich die ersten wissenschaftlichen Erfolge ein. Alexander hatte sich bereits durch seine Veröffentlichung zu den *Mineralogische[n] Beobachtungen über einige Basalte am Rhein* Anerkennung in der Gelehrtenwelt erworben.[28] Erfolgreich war ebenfalls seine Veröffentlichung zur Höhlenbotanik: *Florae Fribergensis specimen*[29], die er während des Studiums in Freiberg verfasst hatte. Die Beschäftigung mit der unterirdischen Flora führte ihn zu einem ganz neuen For-

Das Humboldthaus in Bad Steben. Dort wohnte Humboldt in seiner Funktion als Oberbergmeister in Franken. Foto von Peter Süppel, um 1980

schungsgebiet, nämlich der Frage nach dem Leben als solches. Wissenschaftliche Ehrungen blieben nicht aus. Der junge Gelehrte wurde im Alter von knapp vierundzwanzig Jahren Mitglied der Leopoldinisch-Karolinischen Akademie der Naturforscher, kurze Zeit später Mitglied der Gesellschaft Naturforschender Freunde zu Berlin. Die Rolle des Zweitplatzierten gegenüber seinem Bruder legte er in Franken immer mehr ab. Zu seiner Familie hatte er gute Verbindungen. Wilhelm wohnte im thüringischen Jena, das von Oberfranken nicht weit entfernt war. Eine weitere Männerfreundschaft prägte ebenfalls die Zeit in Franken. Alexander lernte den preußischen Offizier Reinhard von Haeften kennen, der ihn in Bad Steben besuchen wird.

Beruflich lief alles bestens, im April 1794 gab es eine Beförderung zum Bergrat, ein Jahr später zum Oberbergrat. Mit dieser Position wurde der Bergbauingenieur gleichzeitig von seinen Pflichten als Oberbergmeister entbunden. Das hieß, Reisen und Vorortbesichtigungen lagen ab sofort nicht mehr

Alexander von Humboldt. Zeichnung von François Gérard, 1795

zwangsläufig in seinem Kompetenzbereich. Genau dieses Auf-gabengebiet hatte aber Alexander gereizt, der sein weiteres Leben nicht am Schreibtisch zubringen wollte. Ähnlich wie bei Goethe war die Reise nach Italien und in die Schweiz, zu der Alexander von Humboldt am 17. Juli 1795 aufbrach, eine Flucht und Ausdruck einer Sehnsucht nach der Ferne.

Im Vorfeld
der großen Expedition

Ein abgedunkelter Hörsaal in Jena. Durch einen schmalen Spalt im Vorhang warf die Märzsonne ein schwaches Licht in den Raum. Die anwesenden Personen waren fieberhaft angespannt. Auf dem Podium stand Alexander von Humboldt, der noch letzte Hand an seinen Versuchsaufbau legte. In der ersten Reihe hatten Wilhelm von Humboldt und Goethe Platz genommen, sie unterhielten sich angeregt. Nur etwa zwanzig Personen aus Jena und dem nicht weit entfernten Weimar waren zu der Demonstration geladen. Goethe, der Kulturminister des Herzogtums, hatte die Auswahl persönlich getroffen. Die Einladungskarten trugen seine Unterschrift. Alexander wirkte gelassen, war aber innerlich äußerst angespannt. Wilhelm beruhigte ihn durch einen freundlichen Blick, Goethe lächelte in sich hinein. Er schaute immer wieder abwechselnd auf seine Taschenuhr und zur Tür. Die Zuhörer erwarteten die Ankunft des Herzogs Carl August von Weimar. Goethe hatte ihn zur Teilnahme an einer Veranstaltung über Galvanismus und Lebenskrafttheorien gewonnen.

Der Vortrag und die galvanischen Experimente in Anwesenheit des Herzogs sind ein Meilenstein für den jungen Naturforscher Alexander von Humboldt. Anhand seines Werks *Versuche über die gereizte Muskel- und Nervenfaser*[30] sind wir über die galvanischen Apparaturen des jungen Gelehrten sehr gut informiert. Der Versuchsaufbau bestand aus einem Nerven-Muskel-Präparat sowie einem Metallleiter. Berührte man die Metallstäbe mit dem noch feuchten Muskelfleisch, kam es zu Zuckungen der Muskulatur. Hintergrund für die Versuche war die Suche nach einer Erklärung für Lebensprozesse auf der Erde. Die Kirche und die christliche Religion hatten auf diese Fragen der menschlichen Existenz eine eindeutige Ant-

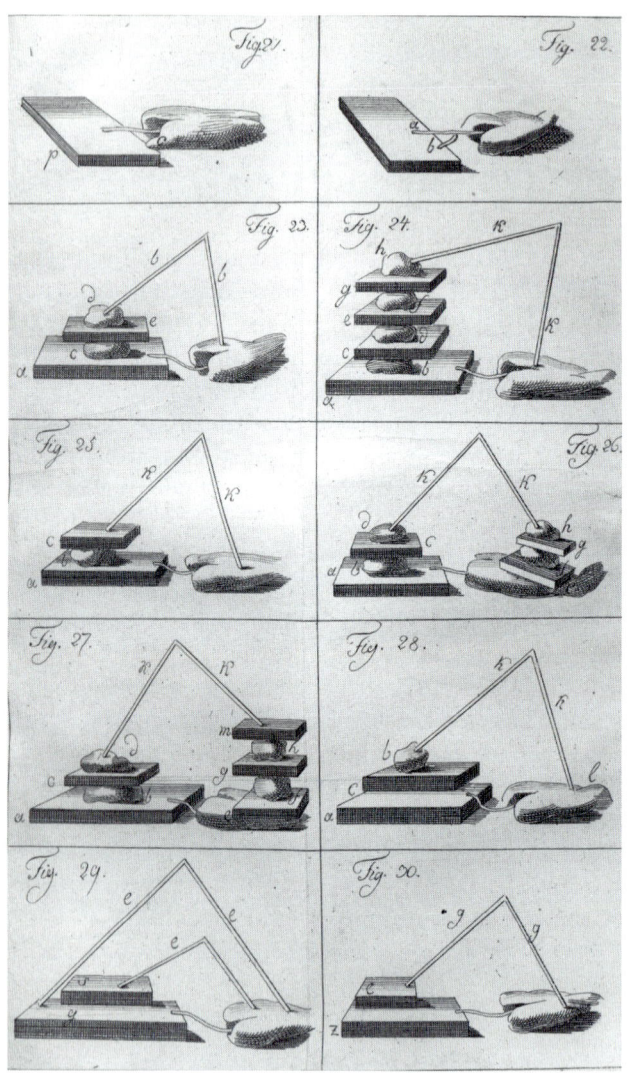

Variationen der galvanischen Experimente Humboldts mit
Muskelfleisch und Metallleitern. Kupferstich aus Humboldts
«Versuche über die gereizte Muskel- und Nervenfaser»,
Bd. 1, Tafel III

wort gegeben. Gott lenkt alle Prozesse, er gibt und nimmt Leben. Der Mediziner Georg Ernst Stahl[31] hatte im 17. Jahrhundert die «anima», die Seele, als Steuerungselement aller Lebensvorgänge betrachtet. Sie stellte in seinen Augen die Lebenskraft dar, die sämtliche Prozesse in Mensch und Tier steuert, wie beispielsweise Atmung und Bewegung. Doch in der zweiten Hälfte des 19. Jahrhunderts traten große Zweifel an der Stahl'schen Theorie auf. Der Mediziner und Naturforscher Albrecht von Haller[32] hatte sich intensiv mit der Bewegung von Muskeln und der Reizbarkeit von Nerven beschäftigt. Er kam zu dem Ergebnis, dass keine Lebenskraft und keine Beseelung im Menschen zu finden ist. Denn trennt man, nach Hallers Theorien, vom Menschen eine Gliedmaße ab, wie etwa einen Arm, so verliert der Betroffene zwar einen Teil seines Körpers, seine Seele nimmt jedoch keinen Schaden.

Der aus Bologna stammende Naturforscher und Arzt Luigi Galvani ging in seinen Untersuchungen noch einen Schritt weiter. Er verband Muskel- und Nerventeile von Tieren mit einem metallischen Leiter und beobachtete, genau wie Humboldt später auch, eine entsprechende Kontraktion der Muskeln. Die Schlussfolgerung, die Galvani aus diesen Versuchen zog, widerlegte die Lebenskrafttheorie der Neuzeit zum Teil. Der Physiker aus Bologna sah die Kraft, welche die Muskelzuckungen auslöste, in der Qualität der tierischen Materie begründet. Diese Theorie stand zwar nicht im Einklang mit der alten Anima-Theorie von Stahl, ging aber nach wie vor von einer Ursache der Muskelbewegung im tierischen Organismus aus. Der Gelehrte sprach daher vom «galvanischen Fluidum»[33] als verursachender Kraft im Muskel. Humboldt erkannte zwar die Forschungen Galvanis an. Er sah jedoch auch die Bedeutung des anliegenden Metalls, das einen Einfluss auf die Muskelzuckungen hatte. Damit kam der Gelehrte dem Prinzip der Volta'schen Säule sehr nahe. Der Physiker Alessandro Volta[34] war aufgrund seiner Forschungen zu dem Schluss gekommen, dass die Zuckungen nicht von der Qualität des Muskelfleisches hervorgerufen werden. Hintergrund ist letztlich die elektrochemische Potenzialdifferenz zwischen den beiden Metallleitern. Humboldt hatte die Bedeutung der unterschiedlichen Metalle erkannt, allerdings hatte er es noch nicht gewagt, die These vom «galvanischen Fluidum» zu widerlegen. Goethe und der Herzog waren mit den Demonstrationen des jungen Forschers, die dieser im März des Jahres 1797 in Jena durchführte, sehr zufrieden.

Humboldts Weg wäre sicherlich geradlinig ins Berliner Ministerium verlaufen. Mit der Beförderung zum Oberbergrat am 1. Mai 1795 war er nicht mehr verpflichtet, an den Zechen Basisarbeit zu leisten. Sein Vorgesetzter, der für die Verwaltung der fränkischen Fürstentümer in Preußen zuständige Beamte Karl August von Hardenberg, hatte Humboldt ein Jahr zuvor mit einer diplomatischen Mission Preußens im Rhein-Main-Gebiet betreut. Dennoch: Der Traum einer Expedition um die Welt war stets präsent. Die Zeit in Franken führte jedoch Humboldt in das Beziehungsgeflecht der Weimarer Klassik.

Da Wilhelm von Humboldt in Jena mit Schiller bekannt und auch Goethe in Weimar nicht weit entfernt war, kam es in den neunziger Jahren des 18. Jahrhunderts zu Kontakten Alexanders mit der Weimarer Gelehrtenwelt. Als er seinen Bruder Wilhelm im März 1794 in Jena besuchte, traf er das erste Mal mit Goethe zusammen. Da sich der Geheimrat seit seiner italienischen Reise verstärkt für Botanik[35] interessierte, fand man schnell ein gemeinsames Gesprächs-

Goethe war in seinem naturwissenschaftlichen Denken durch den in Amsterdam geborenen Philosophen Baruch de Spinoza (1632 – 1677) geprägt. Spinozas Denksystem basiert auf der Forderung nach einer exakten geometrisch-mathematischen Methode zur Erklärung philosophischer Sachverhalte. An oberster Stelle der Welt steht die Substanz, die in sich begründet ist. Der Mensch kann das Wesen der Substanz durch ein geistiges Attribut, das Denken, sowie ein körperliches, die Ausdehnung, wahrnehmen. An letzter Stelle stehen die Modi, beispielsweise Verstand und Wille. In diesem starren Schema sind alle drei genannten Ebenen aufs engste miteinander verbunden. Gott selbst ist in jedem Attribut zu finden, daher auch in jeder räumlichen Ausdehnung. Verkürzt wurde dieses System mit dem Ausspruch «Deus sive natura» – «Gott ist Natur» – wiedergegeben. Humboldt lehnte ein solch spekulatives Denken ab.

thema. Darüber hinaus beschäftige sich Goethe mit vielen naturwissenschaftlichen Einzeldisziplinen, die Alexander ebenfalls beherrschte. Einen großen Unterschied sollte man sich immer vor Augen führen: Humboldt war ausgebildeter Naturwissenschaftler, der bei seinen Forschungen empirisch vorging. An erster Stelle stand der Versuch, danach folgte die Ableitung des physikalisch-chemischen Gesetzes. Goethe ließ sich jedoch in erster Linie von philosophischen Theorien beeinflussen. Bei seinen Naturforschungen stand die Lehre des niederländischen Philosophen Spinoza [36] an erster Stelle. Dem Geheimrat ging es um Ganzheitlichkeit, er übertrug naturwissenschaftliche Sachverhalte auf die menschliche Gesellschaft. Sein Gedicht «Metamorphose der Pflanzen» [37] beschreibt die Bildung einer Pflanze aus dem Blatt in allen botanischen Einzelheiten, um aber am Ende der Verse diese Entwicklung auf die sich herausbildende Zuneigung zu seiner Geliebten zu

Aquarell einer Tulpe von Johann Wolfgang von Goethe, 1795. Das Verwachsen von Laubblättern und Blütenorganen bestätigte Goethes botanische These: «Alles ist Blatt.»

übertragen. In dem Roman «Wahlverwandtschaften» ist ein chemisches Phänomen, die Affinität der Elemente zueinander, ein Motiv, das er auf das Beziehungsviereck der handelnden Personen überträgt.

Humboldt hatte für derartige Spekulationen nicht viel übrig. Er war ein Mann der Fakten, der Beobachtungen und der Vermessungen. Goethe stand dem Versuch [38] als solchem sehr skeptisch gegenüber, er ging lieber von einer allgemeinen Idee aus. Humboldt konnte nicht genügend Versuche durchführen, bis er sich zu einer Schlussfolgerung durchrang. Sieht man von diesen fundamentalen Unterschieden ab, so verstanden sich Goethe und Humboldt gut. Der Briefwechsel zwischen beiden Gelehrten wird Jahrzehnte andauern. Beide verfügten über die menschliche Größe, den anderen in seiner persönlichen, aber auch wissenschaftlichen Eigenständigkeit zu respektieren.

Ganz anders war das Verhältnis zu Schiller. Betrachtet man den beruflichen Werdegang des Dichters, so würde man von einer großen geistigen Verwandtschaft zu Humboldt ausgehen. Schiller war ausgebildeter Mediziner und hatte an der Hohen Karlsschule in Stuttgart studiert.[39] Schiller war der Ansicht, wie letztlich auch Humboldt, dass man physiologische Vorgänge in Mensch und Tier nicht auf eine Lebenskraft zurückführen könnte. Über dieses Thema hatte sich Schiller intensiv Gedanken gemacht, und sein nüchterner Sachverstand führte ihn zu einem realistischen Blick auf den menschlichen Körper. Seine zweite Dissertation beschäftigte sich mit der Theorie von Fiebererkrankungen.[40] Darin setzte er sich mit der Frage auseinander, welche Rolle eine Lebenskraft bei heftigen und zum Tode führenden körperlichen Leiden spielen sollte. In seiner Eigenschaft als ausgebildeter Arzt interessierte sich Schiller deshalb in hohem Maße für die galvanischen Untersuchungen des jungen Forschers Alexander von Humboldt. Dessen Versuche über Nerven- und Muskelreize führten zur Etablierung der Biochemie, die alle physiologischen Vorgänge mit den Gesetzen der Physik und Chemie erklärte. Da aber beide Wissenschaften im späten 18. Jahrhundert nicht so weit entwickelt waren, dass ein qualitativer Beweis für die chemischen

Theorien geliefert werden konnte, blieb Humboldt mit seinen Schlussfolgerungen zurückhaltend. Letztendlich war Alexander in der Lage, mit Hilfe seiner galvanischen Forschungen, einen Beweis für eine physikalisch-chemische Erklärung der Lebensvorgänge zu liefern.

Um 1795 lud Friedrich Schiller Alexander von Humboldt ein, einen Aufsatz für das Publikationsorgan «Die Horen» zu verfassen. Für diese Zeitschrift schrieben die führenden Intellektuellen einer Epoche, die später als «Weimarer Klassik» in die Geistesgeschichte eingegangen ist. Humboldt wählte für seine Veröffentlichung eine Darstellungsform, die er in seinem Forscherleben noch nie verwendet hatte und auch nicht mehr verwenden sollte. In Gestalt einer allegorischen Erzählung, welcher er den Titel *Der Rhodische Genius*[41] gab, setzte er sich mit der Lebenskraft auseinander:

Die Syrakuser hatten ihre Poikile [geschmückte Hallen] wie die Athener. […] Unablässig sah man das Volk dahin strömen. […] Unter den zahllosen Gemälden, welche der emsige Fleiß der Syrakuser aus dem Mutterlande gesammelt hatte, war nur eines, das seit einem vollen Jahrhunderte die Aufmerksamkeit aller Vorübergehenden auf sich zog. Wenn es dem olympischen Jupiter […] an Bewunderern fehlte, so stand um jenes Bild das Volk in dichten Rotten gedrängt. Woher diese Vorliebe für dasselbe? […]

Das Volk staunt an und bewundert, was es nicht versteht, und diese Art des Volks begreift viele Klassen unter sich. Seit einem halben Jahrhundert war das Bild aufgestellt […] und [dennoch] blieb der Sinn desselben […] immer unenträtselt. Man wußte nicht einmal bestimmt, in welchem Tempel dasselbe ehemals gestanden habe. Denn es ward von einem gestrandeten Schiffe gerettet; […]

An dem Vorgrunde des Gemäldes sah man Jünglinge und Mädchen in eine dichte Gruppe zusammengedrängt. Sie waren ohne Gewand, wohlgebildet […]. Ihr Haar war mit Laub und Feldblumen einfach geschmückt. Verlangend streckten sie die Arme gegeneinander aus; aber ihr ernstes, trübes Auge war nach einem Genius gerichtet, der, von lichtem Schimmer umgeben, in ihrer Mitte schwebte. […] Gebieterisch sah er auf die Jünglinge und Mädchen zu seinen Füßen herab. […]

Dem rhodischen Genius, so nannte man das rätselhafte Bild, fehlte es indes nicht an Auslegern in Syrakus. [...] Einige hielten den Genius für den Ausdruck geistiger Liebe, die den Genuß sinnlicher Freuden verbietet; andere glaubten, er solle die Herrschaft der Vernunft über die Begierden andeuten. [...]

So blieb die Sache immer unentschieden. Das Bild ward mit mannigfachen Zusätzen kopiert und nach Griechenland gesandt, ohne daß man auch nur über seinen Ursprung je einige Aufklärung erhielt. Als einst mit dem Frühaufgang der Plejaden die Schiffahrt ins Ägaische Meer wieder eröffnet ward, kamen Schiffe aus Rhodus in den Hafen von Syrakus. Sie enthielten einen Schatz von Statuen, Altären, Kandellabern und Gemälden, welche die Kunstliebe der Dionyse in Griechenland hatte sammeln lassen. Unter den Gemälden war eines, das man augenblicklich für ein Gegenstück zum rhodischen Genius erkannte. Es war von gleicher Größe und zeigte ein ähnliches Kolorit, nur waren die Farben besser erhalten. Der Genius stand [...] in der Mitte, aber ohne Schmetterling, mit gesenktem Haupte, die erloschene Fackel zur Erde gekehrt. Der Kreis der Jünglinge und Mädchen stürzte in mannigfachen Umarmungen gleichsam über ihm zusammen; ihr Blick war nicht mehr trübe und gehorchend, sondern kündigte den Zustand wilder Entfesselung, die Befriedigung lang genäherter Sehnsucht an.

Mit der Lösung des Rätsels beauftragen die Syrakuser den Philosophen Epimarchus. Dieser gehört der Schule der Phytagoreer an. Der Gelehrte vergleicht die beiden Darstellungen miteinander. Im ersten *Genius* sieht er die triumphierende Lebenskraft, der die irdischen Elemente gehorchen müssen. Über diesen Sieg sind die dargestellten Jünglinge und Mädchen traurig:

Tretet näher um mich her, meine Schüler, und erkennet im rhodischen Genius, in dem Ausdruck seiner jugendlichen Stärke, im Schmetterling auf seiner Schulter [...] das Symbol der Lebenskraft [...]. Die irdischen Elemente zu seinen Füßen streben gleichsam ihrer eigenen Begierde zu folgen und sich miteinander zu mischen. Befehlend droht ihnen der Genius mit aufgehobener, hochlodernder Fackel und zwingt sie, ihrer alten Rechte uneingedenk, seinem Gesetze zu folgen.

Das zweite Bild stellt in den Augen des Philosophen den Tod der Lebenskraft dar. Darüber freuen sich die jungen Menschen, da die irdischen Elemente nicht weiter beherrscht werden:

[…] richtet eure Augen vom Bilde des Lebens ab auf das Bild des Todes. Aufwärts entschwebt ist der Schmetterling, ausgelodert die umgekehrte Fackel, gesenkt das Haupt des Jünglings. Der Geist ist in andere Sphären entwichen, die Lebenskraft erstorben. Nun reichen sich Jünglinge und Mädchen fröhlich die Hände. Nun treten die irdischen Stoffe in ihre Rechte ein; […] der Tag des Todes wird ihnen ein bräutlicher Tag.

Auf den ersten Blick könnte man meinen, dass Humboldt in dieser Erzählung eine Verklärung des Todes darstellt. Das Erlöschen der Lebenskraft ruft bei den auf dem Bild dargestellten Jugendlichen Freude hervor. Der Naturforscher spielt aber auf einen anderen Zusammenhang an. Es geht um den Sieg der irdischen Stoffe und die Freiheit der Naturgesetze. Sie stehen in einem Gegensatz zur Lebenskraft, welche die Freiheit der Stoffe und Moleküle einschränkt.

Die Wirkung dieser Erzählung auf Schiller war verheerend. Der Zerfall des Menschen in seine Atome wird als Sieg dargestellt, der die Menschen in freudige Stimmung versetzt. Der Tod wird als Übergang gezeigt, nicht im metaphysischen Sinn – als Aufstieg in eine andere Welt –, sondern als naturwissenschaftliche Phasenumkehr. Aus dem transzendenten «Mensch gedenke, daß du Staub bist und zum Staub zurückkehrst» [42] wird in Humboldts Erzählung ein immanentes Gleichnis. Es geht im Sinne der Theorie des griechischen Philosophen Demokrit [43] um ein freibewegliches Spiel der Atome, das für alle Lebensvorgänge verantwortlich ist. Ein derartiges, geradezu materialistisches Menschenbild entsprach nicht den Ideen Schillers. In einem Brief an Körner im August 1797 fällt der Dichter ein vernichtendes Urteil über Alexander von Humboldt: «Es ist der nakte, schneidende Verstand der die Natur, die immer unfaßlich und in allen ihren Punkten ehrwürdig und unergründlich ist, schaamlos ausgemessen haben will […]. Er hat keine Einbildungskraft und so fehlt ihm nach meinem

Urtheil das nothwendigste Vermögen zu seiner Wißenschaft – denn die Natur muß angeschaut und empfunden werden, in ihren einzelnsten Erscheinungen, wie in ihren höchsten Gesetzen.»[44]

Schillers Analyse war messerscharf und traf den Nagel auf den Kopf. Alexander von Humboldt hatte mit der allegorischen Erzählung in den «Horen» die Lebenskrafttheorie als solche in Frage gestellt. Für einen Naturwissenschaftler gibt es keinen Unterschied zwischen beseelten und unbeseelten Vorgängen. Alles unterliegt letztlich den gleichen Gesetzen. Dieses Denken ist im 21. Jahrhundert allgemein akzeptiert, auch wenn Gott in einem strikt naturwissenschaftlich konzipierten Modell weder bewiesen noch widerlegt werden kann.

Warum lehnte Schiller die allegorische Erzählung vom *Rhodischen Genius* so vehement ab? Entsprach sie nicht seinen eigenen Gedanken, welche die Stahl'sche Hypothese von der alles beseelenden «anima» ebenso ablehnten? War Schiller zu sehr Schöngeist, um die letzte Konsequenz aus einer streng naturwissenschaftlichen Welt zu ziehen? Für eine Antwort auf diese Frage gibt es eine Theorie, die aus heutiger Sicht logisch erscheint: Persönliche Motive haben Schillers Urteil über Alexander von Humboldt beeinflusst. Goethe hatte eine sehr positive Meinung über den jungen, aufstrebenden Forscher, dessen Talente er erkannte. Er sprach im Zusammenhang mit Alexander von Humboldt von einem «wissenschaftlichen Füllhorn»[45], das viele Wissensgebiete beherrschte. Zu derartigen Persönlichkeiten hatte der Universalist eine große Affinität. Schiller dachte jedoch anders. Er schätzte Humboldts kommunikative Art keinesfalls und hatte mehr Berührungspunkte mit dem Philologen Wilhelm von Humboldt. Zudem wachte Schiller eifersüchtig darüber, dass die mühsam erkämpfte Freundschaft mit Goethe nicht durch einen Dritten gestört wurde. Aus diesem Grund betrachtete er die Affinität des jungen Alexander von Humboldt zu seinem Freund aus Weimar mit starker Eifersucht. Diese Antipathie führte dazu, dass eine große Chance vertan wurde. Nicht nur der Mensch Alexander von Humboldt wurde von Schiller ausgeschlossen,

Die Weimarer Klassiker: Friedrich Schiller, Wilhelm und Alexander von Humboldt sowie Johann Wolfgang von Goethe in Jena. Holzschnitt von W. Aarland nach einer Zeichnung von Andreas Müller, 1796

sondern auch sein Fachgebiet. Zwar pflegte Goethe weiterhin sehr intensive Verbindungen zu dem Naturforscher, aber eine große geistesgeschichtliche Möglichkeit wurde in der Zeit um 1800 vertan.[46] Naturwissenschaftler und Geisteswissenschaftler entfremdeten sich zunehmend und blieben nicht im Dialog. Dieser Zwiespalt setzt sich bis in die Gegenwart fort.

Humboldt war in seinem Leben an einer Wegscheide angelangt. Auch wenn der Dialog mit Schiller nicht möglich war, so hatte Alexander von Humboldts Name in der Wissenschaft Bedeutung. Doch auf Dauer war eine rein empirisch ausgerichtete Forschung nicht sein Ding. Zu Beginn des Jahres 1796 tat er den Ausspruch: *Je conçus l'idée d'une physique du monde.*[47] Dieser Satz ist nicht einfach zu übersetzen. Die Wissenschaftsgeschichte hat sich intensiv damit beschäftigt, was die letzten drei Worte bedeuten. Mit dem modernen Ausdruck «Physik» hat der Terminus *physique du monde* wenig zu tun. Es geht Humboldt um eine universale Weltbeschreibung, nicht um Ausschnitte oder Teile, weshalb die korrekte Übersetzung mit dem Ausdruck «Physikalische Geographie»[48] wiedergegeben werden kann. Methodisch sollte diese Beschreibung mit dem Einsatz aller in seiner Zeit verfügbaren Messmittel geschehen. Dazu gehörten physikalische Instrumente wie Höhenmesser, Barometer und Feuchtigkeitsmesser. Sie sollte eine Analyse der Gesteine und Mineralien ebenso umfassen wie eine Übersicht zur Flora und Fauna. Der Ausdruck *physique du monde* ist letztlich ein umfassender Wissenschaftsbegriff, der aus moderner Perspektive die Naturgeographie umfasst. Es handelt sich um ein gigantisches Ziel, das um 1800 kaum zu erreichen war. Um dieses durchzuführen, wollte Humboldt um die ganze Welt reisen, um die relevanten Daten persönlich zu erheben.

Die Zeit von 1791 bis 1792, die Humboldt an der Bergbauakademie in Freiberg verbrachte, sowie die eigenen wissenschaftlichen Untersuchungen als Bergbauingenieur waren für den Gelehrten eine Vorübung, um eines Tages eine größere Aufgabe zu erfüllen. Humboldt wollte nicht am Schreibtisch als hoher preußischer Verwaltungsbeamter enden, aber seine Lebensaufgabe sah er auch nicht darin, Frösche zu zerschneiden und Muskelzuckungen zu beobachten. Er war der Prototyp des Universalisten, der ein Panorama der ganzen Welt entwerfen wollte.

Aber dazu war eine Expedition notwendig, um selbst ein Bild von der ganzen Welt zu gewinnen. Schließlich mussten Daten erhoben, Messungen durchgeführt und ausgewertet werden. Die Durchführung würde sehr viel Zeit beanspruchen. Im Grunde war es eine Lebensaufgabe. Humboldt war zwar Universalist, aber auch Realist. Während seiner Tätigkeit im preußischen Staatswesen konnte er seine Pläne nicht umsetzen. Ein Abstecher nach Italien und in die Schweiz, den er mit seinen Freunden zwischen Juli und November 1795 unternahm, war als Staatsbediensteter gerade noch möglich. Aber die Erlaubnis zu einer Weltreise hätten ihm die preußischen Behörden nicht erteilt.

Ein trauriges Ereignis im Jahr 1796 sorgte dafür, dass seine Visionen sich erfüllten. Die Mutter starb am 19. November 1796 in Berlin. Schon zu Beginn des Jahres verschlechterte sich der Gesundheitszustand der an Brustkrebs erkrankten Marie Elisabeth von Humboldt, sodass sein Bruder Wilhelm, die Schwägerin sowie Alexander selbst in Schloss Tegel am Krankenbett weilten. Humboldt war im Februar in Berlin, da er vom Minister von Hardenberg in die Dienststelle gerufen worden war. 1796 schien für den jüngeren Humboldt zunächst kein gutes Jahr zu sein. Die schwere Krankheit der Mutter ließ ihn seine eigene Hinfälligkeit erkennen. So hinterlegte er während des Berliner Aufenthalts beim Stadtgericht sein Testament. Nachdem er nach Bayreuth zurückgekehrt war, erkrankte er schwer an einem fiebrigen Infekt. Der Sommer war von einem Erfolgserlebnis gekennzeichnet: Humboldt hatte im Auftrag Preußens eine politische Mission zu erfüllen. Er verhandelte erfolgreich mit den nach Württemberg eingerückten französischen Truppenbefehlshabern, damit diese die Neutralität der fränkischen Fürstentümer respektierten.

Im Herbst hatte Humboldt einen schweren Unfall im Bergwerk von Berneck, bei dem er fast ums Leben gekommen wäre. Der Bergbauingenieur kannte die Gefahren in den Stollen sehr gut, die durch explosive Gase hervorgerufen wurden. Um die «schlagenden Wetter» schneller erkennen zu können, hatte Alexander eine Rettungslampe konstruiert. Diese reagierte auf gefährliche Kohlenwasserstoffgemische mit einem hellen Brennen. Der Ingenieur und Konstrukteur war von der Funktionalität seiner Rettungslampe so begeistert, dass er die damit verbundene Gefahr vergaß: *Zu meinem größten Vergnügen gelang der Versuch. Die Rettungslampe brannte hell in den bösen Wettern. Ich war neugierig, wollte bis an das faule Holz vor Ort fahren [...]. Ich kroch hinein. Killinger mußte zurük bleiben, weil er noch von einem ähnlichen Versuch krank ist, den er in der Nailaer Refier machte. Ich*

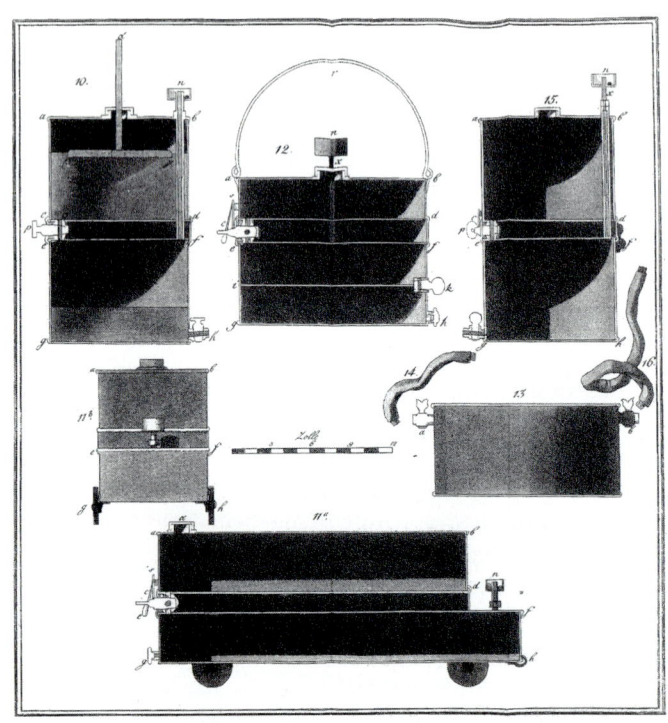

Humboldts Sicherheitslampe zum Aufspüren explosiver Gase. Kupferstich aus Humboldts «Über die unterirdischen Gasarten und die Mittel ihren Nachtheil zu vermindern», Tafel II, 1799

kam bis vor Ort, sezte meine Lampe hin und freute mich unendlich ihres Lichtes. Mir wurde müde, sehr wohl, betaumelt, ich sank in die Knie neben die Lampe. Ich soll Killinger gerufen haben, ich weiß nichts davon. Er tappte im Finstern nach und fand mich ohnmächtig bei der Lampe. Er zog mich hinaus. Schon bei der Blende kam ich zu mir. Mir war wie besoffen und matt, 2 Tage matt, doch spühre ich keine üblen Folgen mehr. [...] Ich war freilich schuld [...], kurz, es ist vorbei, und ich habe die Lampe beim Erwachen noch brennen sehen. Das war wohl der Ohnmacht werth.[49]

Humboldt schilderte diesen Unfall in einem Brief an seinen ehemaligen Freiberger Kommilitonen Johann Carl Freiesleben. Dem Forscher ging es darum, die Funktionalität seiner Sicherheitslampe zu überprüfen. Um zu testen, wie lange sie in der Nähe der gefährlichen Gase brannte, riskierte er sein Leben. Dieser Unfall ist fast schon eine epische Vorausdeutung für kommende Ereignisse. Es ist eine der letzten Beschreibungen aus Humboldts Zeit als Bergbauingenieur. In wenigen Jahren wird er in den Tropen mit noch wesentlich riskanteren Naturerscheinungen zu tun haben. Humboldt war nicht nur ein wissenschaftlicher Grenzgänger. Er scheute im Dienste der Forschung keine Gefahr, weder im Bergwerk noch in den Anden oder im tropischen Regenwald.

Am 24. November 1796 erhielt er in Franken die traurige Nachricht, dass seine Mutter fünf Tage zuvor gestorben war. Tiefe Betroffenheit und große Trauer stellten sich nicht ein. In einem Brief an seinen Freund Freiesleben berichtete er einen Tag später in aller Ausführlichkeit von der Perfektionierung seiner Grubenlampe. Dann folgt ein Nachtrag: *Ich kann heute nur hinzusezen, daß gestern die Nachricht von dem Tode meiner Mutter kam. Vorbereitet war ich längst. Betroffen hat es mich nicht, aber beruhigt, daß sie so wenig litt. Sie war nur 1 Tag krank, hatte nur 1 Tag heftigere Schmerzen als sonst. Sie verschied sanft. Du weißt, mein Guter, daß mein Herz von der Seite nicht empfindlich getroffen werden konnte. Wir waren uns von je her fremd, aber wen hätte das unselige, endlose Leiden der Verschiedenen nicht rühren sollen. Ich umarme Dich herzlich.* [50]

Alexander von Humboldt hatte ein gespaltenes Verhältnis zu seiner Mutter. Sie erkannte seine wahren Talente nicht, sondern hatte ihn in eine Beamtentätigkeit gedrängt. Der Beruf des Bergbauingenieurs war ein Kompromiss, einerseits die Vorgaben der Mutter und des Erziehers zu erfüllen, andererseits eigene Talente zu entfalten. Es ist verständlich, dass Alexander gegen Ende des Jahres 1796 aus dem preußischen Staatsdienst ausschied. Das Ziel einer großen Forschungsreise um die Welt war in greifbare Nähe gerückt.

Zu Beginn des folgenden Jahres weilte Humboldt bei seinem Bruder in Jena, wo er seine galvanischen Experimente fortsetzte. Höhepunkt war ebenjener Vortrag in Anwesenheit des Herzogs Carl August von Weimar. Nachdem im Juni durch den Hauslehrer Kunth die Erbschaft der Mutter zwischen den Brüdern aufgeteilt worden war, konnte Alexander sorgenfrei in die Zukunft blicken. Die Höhe des ererbten Vermögens erlaubte eine Tätigkeit als Privatgelehrter bis ans Lebensende. Jetzt konnte die zweijährige Vorbereitungszeit für die große Forschungsreise beginnen.

Auf dem Weg von Spanien in die Neue Welt

Allmählich wich die heiße Schwüle des Frühsommers einer angenehmen Kühle. Das saftige Grün des dichten Pflanzenwuchses bildete einen wunderbaren Kontrast zum blauen Himmel über der Insel Teneriffa. Humboldt und sein Reisegefährte, der Franzose Aimé Bonpland, waren am Ziel ihrer ersten Etappe angekommen. Viele Strapazen und Mühen lagen hinter ihnen. Humboldt hatte eine schwierige Zeit durchzustehen. Man könnte ihn mit dem antiken Helden Tantalos vergleichen. Dieser hatte von der griechischen Göttertafel Nektar und Ambrosia gestohlen, weshalb ihn die Götter in die Unterwelt, den Tartaros, verbannten. Dort musste er zur Strafe in einem Wasserloch stehen. Wenn er, von Durst gequält, trinken wollte, verschwand das Wasser. Griff er nach den vielen Früchten wie Birnen, Granatäpfeln oder Feigen, die über ihm wuchsen, verschwanden sie plötzlich, sodass der geplagte Tantalos weiter Hunger und Durst erleiden musste.

Ganz ähnlich erging es Humboldt in den letzten Jahren. Er hatte die finanziellen und zeitlichen Möglichkeiten zu seiner großen Forschungsreise. Wenn er jedoch das Ziel in greifbarer Nähe vermutete, spielte ihm das Schicksal einen Streich. Wenn er sich am Ziel glaubte, kam ein neues Hindernis dazu, das den Aufbruch unmöglich machte. Das Jahr 1799 brachte endlich den Durchbruch. Humboldt hatte zum ersten Mal ein Land betreten, das außerhalb Europas lag. Die Insel Graciosa mit ihrer spärlichen Vegetation, die sie vor kurzem betreten hatten, war nur ein lauer Vorgeschmack auf die Schönheit Teneriffas, die sie jetzt zu Gesicht bekamen. Humboldt und seinem Reisebegleiter war es, als seien sie in einer neuen Welt angekommen.

Aber schon auf See lauerten die ersten Gefahren. Am

5. Juni 1799 waren Humboldt und Bonpland unter spanischer Flagge an Bord der Korvette «Pizzaro» von der in Nordspanien gelegenen Hafenstadt La Coruña aufgebrochen. Am Abend des 8. Juni hielt Humboldt den Atem an, als die Meldung vom Mastkorb ertönte: «Englischer Konvoi in Richtung Südost!»[51] England und Spanien befanden sich seit knapp drei Jahren im Krieg. Gegen eine englische Kriegsflotte hatte die «Pizarro» nicht den Hauch einer Chance. England würde nicht die Interessen eines Naturforschers respektieren, der aus wissenschaftlichen Motiven die spanischen Besitztümer in Süd- und Mittelamerika erkunden wollte. Vielleicht würde man ihn sogar als Spion verhaften. Humboldt sah sich schon in englischer Gefangenschaft, während die «Pizarro» beidrehte. Die Engländer hatten das spanische Schiff anscheinend nicht bemerkt, denn der Abstand zur englischen Flotte vergrößerte sich immer mehr. Glücklicherweise brach die Nacht herein. Der Kapitän befahl, die Kajütenbeleuchtungen auf dem Schiff zu löschen. Alexander hätte die Zeit am Abend gern dazu verwendet, um Messungen durchzuführen, seine Beobachtungen zu notieren und sich mit Hilfe seiner kleinen wissenschaftlichen Bibliothek auf die große Reise vorzubereiten. Den Preis der Dunkelheit und der wissenschaftlichen Untätigkeit nahm er jedoch in Kauf, wenn er nur nicht von den Engländern entdeckt und gefangen genommen werden würde.

Mehr als zwei Wochen später war die unheimliche Begegnung mit der englischen Flotte schon wieder vergessen. Humboldt und Bonpland wurden auf See durch die freie Sicht auf die Insel Teneriffa und den Vulkan Pico del Teide entschädigt: *Wir warfen Anker, nachdem wir mehrmals das Senkblei ausgeworfen; denn der Nebel war so dicht, daß man kaum auf ein paar Kabellängen sah. Aber eben da man anfing, den Platz zu salutieren, zerstreute sich der Nebel völlig, und da erschien der Pico del Teide in einem freien Stück Himmel über den Wolken, und die ersten Strahlen der Sonne, die für uns noch nicht aufgegangen war, beleuchteten den Gipfel des Vulkans. Wir eilten eben aufs Vorderteil der Korvette, um dieses herrlichen Schauspiels zu genießen [...].*[52]

Fast wäre es Humboldt beim Anblick der Insel so ergangen

wie erst vor wenigen Wochen. Er stand kurz vor seinem Ziel, als erneut englische Schiffe auftauchten, insgesamt vier. Wieder drohte das Unternehmen kurz vor seinem Ziel zu scheitern. Doch der Gelehrte hatte abermals das Glück auf seiner Seite: *Wir waren an ihnen vorbeigesegelt, ohne daß sie uns bemerkt hatten, und derselbe Nebel, der uns den Anblick des Pic entzogen, hatte uns der Gefahr entrückt, nach Europa zurückgebracht zu werden. Wohl wäre es für Naturforscher ein großer Schmerz gewesen, die Küste von Teneriffa von weitem gesehen zu haben und einen von Vulkanen zerrütteten Boden nicht betreten zu dürfen.*[53]

Nach ihrer Landung erfreuten sich Humboldt und Bonpland an der abwechslungsreichen Landschaft der Insel, die in ihren Augen ein glücklicher Ort auf der Welt zu sein schien. Beim Botanisieren entdeckten sie nicht nur die ihnen aus Mitteleuropa bekannten Gewächse. Der Blick der Forscher wendete sich den tropischen Pflanzenformen zu, die eine besondere Faszination ausübten: *Im Pflanzenreich treten bereits mehrere der schönsten und großartigsten Gestalten auf, die Bananen und die Palmen. Wer Sinn für Naturschönheiten hat, findet auf dieser köstlichen Insel noch kräftigere Heilmittel als das Klima. Kein Ort der Welt scheint mir geeigneter, die Schwermut zu bannen und einem schmerzlich ergriffenen Gemüte den Frieden wieder zu geben, als Teneriffa [...].*[54]

Humboldt und Bonpland stiegen von der Küste Nordteneriffas in die Stadt Villa de La Orotava auf, die auf einer steilen Anhöhe lag. La Orotava war eine kleine Ortschaft, die von den Inselbewohnern wegen ihres Klimas geschätzt wurde. Die Hitze und Schwüle der Küste reichten nicht bis dorthin. Die beiden Gelehrten hatten schon den öffentlichen botanischen Garten in der Nähe des Hafens besichtigt. Humboldt missfiel die Anordnung der Pflanzen im Garten, die nach dem Linné'schen Sexualsystem klassifiziert waren.[55] Die üppigen Lebensformen der Gewächse, die er auf der Insel entdeckte, ließen in ihm den Wunsch nach einem anderen Klassifizierungssystem reifen. Eine Entwicklung setzte ein, die den Gelehrten vom *botanischen Systematiker* im Sinne Linnés zum *Physiognomiker* werden ließ.[56] Es ging nicht mehr um eine reine Bestandsaufnahme der Natur, sondern um eine ästhetische Betrachtung der pflanzlichen Lebensformen.

Der botanische Höhepunkt auf Teneriffa war zweifellos der Eindruck des Drachenbaums, den Humboldt und Bonpland im Garten des Herrn Franquis entdeckten. Einen derartigen Stamm mit einigen Metern Durchmesser hatten die beiden in Europa noch nicht zu Gesicht bekommen. Darüber wuchs wie ein riesiger Pilz ein üppiges Laubwerk, in dem Hunderte von Vögeln zwitscherten: *[…] die ewige Jugend der Natur, die eine unerschöpfliche Quelle von Bewegung und Leben ist.*[57] Der Gedanke an die Lebenskraft bewegte Humboldt noch immer. Doch was waren seine Versuche mit toten Fröschen gegen dieses

Drachenbaum auf der Insel Teneriffa. Aus «Vues des Cordillères», 1810 – 13, Tafel LXIX

Denkmal immerwährenden Lebens, das schon seit Jahrhunderten hier stand? In diesem Moment entwickelte der Gelehrte ein Gefühl für die Geschichte des Drachenbaums. Er zählte zu den ältesten Bewohnern des Erdballs.[58] Es galt daher, nicht nur die ästhetische Seite der Natur zu entdecken. Humboldt entwickelte auf der Forschungsreise gleichzeitig ein historisches Bewusstsein für die botanischen Zeugnisse der Natur. Einer der ersten Schritte war der Blick auf den Drachenbaum, den er in seiner *Reise in die Äquinoktial-Gegenden des Neuen Kontinents* abbilden ließ.[59]

Bevor Humboldt zu seiner großen Weltreise aufbrach und sein Traum Wirklichkeit wurde, waren noch einige Hindernisse zu überwinden. Nach dem Ausscheiden aus dem preußischen Staatsdienst zum 31. Dezember 1796 reiste er quer durch Europa, um sich auf seine große Expedition vorzubereiten. Sein Ziel war eine Reise um die Welt. Als erste Station plante er einen Aufenthalt in Westindien. Die Westindischen Inseln befinden sich in der Karibik. Die irreführende Bezeichnung hängt mit der Entdeckung Amerikas durch Christoph Kolumbus zusammen, der einen Seeweg nach Indien suchte, nach Westen segelte und auf diese Weise den amerikanischen Kontinent entdeckte.

Um Alexanders Unterfangen zu verwirklichen, waren mehrere Voraussetzungen erforderlich. Die finanzielle Basis war durch die Aufteilung des Familienerbes im Mai 1797 durch den Hofmeister Kunth zwischen Wilhelm und Alexander bereits geschaffen. Da Humboldt auch die Erkundung tropischer Gebirgslandschaften plante, musste er seine Kondition in der Höhe trainieren. Darüber hinaus war es erforderlich, seine Instrumente wie beispielsweise Barometer und Hygrometer unter extremen Bedingungen zu testen. Schließlich wusste Humboldt, dass man ein gefährliches Unternehmen wie eine Reise in unerschlossene Landschaften nicht allein durchführen konnte. Er benötigte einen Reisegefährten, der seine wissenschaftlichen Interessen teilte, aber gleichzeitig seinen Führungsanspruch nicht in Frage stellte. Und sollte das Reiseziel

Die Familie des spanischen Königs Karl IV. Von dem Monarchen erhielt Humboldt die Erlaubnis für eine wissenschaftliche Forschungsreise in die spanischen Kolonien. Gemälde von Francisco José de Goya y Lucientes, 1800

tatsächlich auf Mittel- und Teile Südamerikas fallen, musste Humboldt auch die Zustimmung der spanischen Krone einholen. Spanien hatte in Form der Vizekönigtümer Neugranada (Ecuador, Kolumbien und Teile Venezuelas) sowie Neuspanien (Mexiko und Teile Venezuelas) die politische und militärische Gewalt in den süd- und mittelamerikanischen Ländereien. Daher musste Humboldt den spanischen König Karl IV. von der wissenschaftlichen Mission eines deutschen Gelehrten in den Kolonien überzeugen. Schritt für Schritt konnte Humboldt diese Voraussetzungen schaffen, ohne die seine Forschungsreise nicht hätte stattfinden können. Im August des Jahres 1797 hielt er sich in Wien auf und berichtete seinem ehemaligen Kommilitonen von der Bergakademie, Johann Carl Freiesleben, von seinen Plänen: *Ich bringe wahrscheinlich den Herbst und*

Winter in der Schweiz, Zürich oder Genève zu und gehe im April über Tyrol und Italien. Ich gewinne Muße, viele, besonders neue Arbeiten zu vollenden, und hoffe, gerade im Winter und Herbst (wo ich gewiß noch den Gotthard besuche) mein Buch über die Atmosphäre zu bereichern.

Der junge Böthlingk [sic!] ist hier angekommen und ist noch fest gesonnen, mit mir nach Westindien [zu gehen]. Wir denken, über Spanien und Teneriffa die Reise anzutreten. Er hat 40 000 Rubel Einkünfte. [60]

Humboldt wusste genau, was er wollte, und zwar ins Gebirge aufbrechen und sich dort einem neuen Forschungsgebiet zuwenden. Die *Atmosphäre* [61] – die Luftzusammensetzung sowie die physikalischen Verhältnisse – ließ sich am besten in der Höhe untersuchen. In Gestalt des ihm noch aus der Zeit der Hamburger Handelsakademie bekannten Nicolaus Böhtlingk schien er den geeigneten und zahlungskräftigen Reisegefährten gefunden zu haben, der sich finanziell an der Forschungsreise nach Westindien beteiligen sollte. Alexander brach im Herbst 1797 jedoch nicht in die Schweiz und nach Italien auf, sondern blieb in den österreichisch-deutschen Alpen. Das Salzburger Land, die Gegend um den Watzmann sowie Berchtesgaden stellten in den Wintermonaten 1797 auf 1798 seinen Erkundungsraum dar. Humboldt wählte bewusst die kalte Jahreszeit, da auch die Berge in den Anden teilweise von ewigem Eis bedeckt waren. Der Naturforscher absolvierte ein gigantisches Übungsprogramm, um seinen Körper für Aufenthalte in großer Höhe zu trainieren. [62]

Man sollte sich der Tatsache bewusst sein, dass der Alpentourismus unserer Zeit am Ende des 18. Jahrhunderts noch nicht existierte. Die Berge galten bis weit in die Frühmoderne als schrecklicher Ort, den man besser nicht bestieg. Nur wenige wagten sich auf die Gipfel der Alpen vor, und im Winter war die Natur in diesen Höhen noch lebensfeindlicher und gefährlicher. Der Naturforscher Humboldt, der bei Eis und Schnee auf die Berge kletterte und dort seine Instrumente erprobte, musste bei den einheimischen Bewohnern einen seltsamen Eindruck hinterlassen haben.

Im Frühjahr 1798 verließ Alexander von Humboldt die einsamen Berge und Täler der Alpen. Sein Bruder Wilhelm war mit seiner Familie ein halbes Jahr zuvor nach Wien gereist. Von dort aus war er über die Schweiz nach Paris aufgebrochen[63], während Alexander den Winter über in den Alpen verblieb. Wilhelm von Humboldt hatte sich in der französischen Hauptstadt niedergelassen. Er war jetzt wie sein Bruder ein freier und finanziell unabhängiger Mann. Paris bedeutete aber nur eine Zwischenstation, denn in dieser Stadt fühlte er sich nicht wohl. Sein Traumziel war Italien, das er aufgrund des Ersten Koalitionskrieges zwischen Frankreich und den österreichischen Ländern in Oberitalien zu dieser Zeit noch nicht besuchen konnte. Für Alexander von Humboldt war Paris jedoch seine Traumstadt. Diese Tatsache hing vor allem mit den wissenschaftlichen Möglichkeiten zusammen, die sich ihm hier boten. Im Frühjahr 1797 war sein erster Band *Versuche über die gereizte Muskel- und Nervenfaser* erschienen, der in der Gelehrtenwelt Frankreichs ein Jahr später schon bekannt war.[64] Und 1798 wurde Humboldt in Paris zu chemischen Vorträgen an der wissenschaftlichen Akademie eingeladen. Er wiederholte dort die galvanischen Experimente, die er 1797 in Jena im Beisein des Herzogs durchgeführt hatte.

In Paris lernt er auch seinen endgültigen Reisebegleiter kennen, den Botaniker Aimé Bonpland. Anscheinend hatte sich die ursprüngliche Absicht Humboldts geändert, den Studienfreund aus der Hamburger Handelsakademie, Nicolaus Böhtlingk, mitzunehmen. Jetzt stand einem Aufbruch zu einer Weltreise nichts mehr im Weg. Humboldt war ein Perfektionist. Er wollte die zentralen Landschaften auf der gesamten Erde erkunden. In den Alpen hatte er ja bereits für große Höhen trainiert. Ein Besuch in der Wüste in den Wintermonaten 1798 auf 1799 erschien ihm eine weitere geeignete Vorübung, um auch diese Art der Landschaft zu erforschen. Verließ man Frankreich über Marseille in Richtung Süden, gelangte man über das Mittelmeer nach Tunis.[65] Dort wollten Humboldt und Bonpland eine Testphase für ihre Weltreise durchlaufen: Bonpland sollte botanisieren, während Humboldt seine Messinstrumente ausprobieren wollte. Alles schien zunächst nach Plan zu verlaufen. Mit einem gecharterten Schiff beabsichtigten sie, von Frankreich nach Nordafrika zu segeln. Bis zur Abfahrt des Schiffes bot die Gegend um Marseille zahlreiche Möglichkeiten für wissenschaftliche Exkursionen. Humboldt musste aber in der südfranzösischen Hafenstadt eine herbe Enttäuschung einstecken. Die Behörden stellten den beiden Gelehrten keine Pässe für Tunis aus. Es herrschte Krieg in Europa, sodass französische Bürger – wie Bonpland es war – in Nordafrika vor den Engländern nicht sicher waren. Wieder einmal sah sich Alexander von Humboldt kurz vor Erreichen seines Ziels ausgebremst. Fast zwei Jahre waren vergangen seit seinem Ausscheiden aus dem preußischen Staatsdienst.

Aimé Bonpland wurde 1773 im französischen La Rochelle als Sohn eines Arztes geboren. Er studierte Medizin in Paris und beschäftige sich mit der Botanik. Alexander von Humboldt lernte Bonpland 1798 kennen. Da beide ähnliche Forschungsinteressen hatten, war der Franzose ein idealer Reisebegleiter für die Expedition in die Neue Welt. Nach der Rückkehr aus den Tropen wurde Bonpland, auf Vermittlung Humboldts, Hofgärtner der Ehefrau Napoleons, der Kaiserin Joséphine de Beauharnais. Drei Jahre nach ihrem Tod übersiedelte er 1817 zunächst nach Buenos Aires, anschließend nach Paraguay, um dort botanische Forschungen durchzuführen. 1821 wurde er für knapp zehn Jahre inhaftiert, da der damalige Diktator von Paraguay, José Gaspar Rodríguez de Francia, durch große Mateteepflanzungen, die Bonpland anlegte, sein Monopol fürchtete. Auf Vermittlung Humboldts kam er wieder frei, konnte jedoch nicht mehr an sein früheres Leben anknüpfen. 1858 starb er verarmt in Paraguay.

Immer noch war er in Europa und konnte den Kontinent nicht verlassen. Selbst die als Vorbereitungsphase für die große Weltreise ins Auge gefasste Expedition nach Nordafrika scheiterte an den französischen Behörden. Nach den Schwierigkeiten in Südfrankreich verließ er im Dezember 1798 Marseille auf dem Landweg. Er reiste über Nîmes, Montpellier und Perpignan, und am 5. Januar 1799 betrat er spanischen Boden. Auf der Iberischen Halbinsel sollten sich seine Reiseträume erfüllen.

Im späten 18. Jahrhundert hatte Spanien seine Vormachtstellung in Europa verloren. Von dem Glanz, den das Reich im 16. Jahrhundert unter den Habsburgern besaß, war zu Humboldts Zeiten nicht mehr viel übrig. Seit 1700 regierten in Spanien Könige aus dem französischen Geschlecht der Bourbonen. Das Land wurde in dieser Zeit in seiner politischen Struktur sehr eng an Frankreich angebunden. Nach der Hinrichtung des französischen Königs Ludwig XVI. und seiner Gemahlin Marie Antoinette 1793 versuchte Spanien sich von Frankreich zu emanzipieren und erklärte der «Grande Nation» den Krieg. Die Aktion des damaligen Bourbonen-Kaisers Karl IV. endete aber in einem Fiasko. Frankreich marschierte auf der Iberischen Halbinsel ein und vereinnahmte das Land in noch stärkerem Maße. Spanien wurde zu einer Kriegserklärung gegen England gezwungen, dem die Nation militärisch nicht gewachsen war. Am Ende blieben der spanischen Krone nur die Besitztümer in Süd- und Mittelamerika.

Um diese Regionen bereisen zu können, musste Alexander die Erlaubnis des spanischen Königs einholen. Nachdem er im März 1799 am Königshof in Aranjuez vorstellig geworden war, wurde ihm die Genehmigung für eine Forschungsreise erteilt. Es war eine Mischung aus persönlichen Verbindungen zur spanischen Hofgesellschaft, hervorragenden Sprachkenntnissen sowie einer Überzeugungskraft, die Humboldt zum Ziel führte. Karl IV. erteilte einem deutschen Gelehrten die Erlaubnis, in den spanischen Kolonien in Übersee eigenständige Forschungen durchzuführen. Das Dokument hatte für die beiden Reisenden eine existenzielle Bedeutung.[66] Die Unterschrift der spanischen Krone garantierte Humboldt und Bonpland Rechtssicherheit – und damit ein ungestörtes Arbeiten in Mittel- und Südamerika. Sie hatte Gewicht in den Missionen und sämtlichen Behörden, mit denen die beiden Reisenden zu tun haben sollten. Allerdings galt es zwei Dinge zu beachten: Humboldt und Bonpland durften anlässlich der Kriegssituation auf keinen Fall während der Überfahrt über den Atlantik mit der englischen Flotte in Berührung kommen. In Südamerika war es für die zwei Männer aus gleichem Grund gefährlich, brasilianischen Boden zu betreten. Brasilien war eine Kolonie Portugals, das mit England verbündet war. Dieser politischen Konstellation wird Humboldt später seine Fahrt auf dem Orinoco anpassen, indem er möglicherweise darauf verzichtet, seine eingeschlagene Route auf dem Amazonas fortzusetzen.

Am 5. Juni 1799 stach die spanische Korvette «Pizarro» vom nordspanischen Hafen La Coruña aus in See. Es gab kein Zurück mehr. Nach mehr als zweijähriger Vorbereitungszeit konnte Humboldt den Plan einer großen Forschungsreise in die Tat umsetzen. Das erste Etappenziel war Teneriffa, das die beiden Forscher aufgrund des Klimas, der geologischen Formationen sowie der Flora besonders interessierte. Auch das Besteigen des erloschenen Pico del Teide stellte eine Vorübung für die Erkundung der süd- und mittelamerikanischen Vulkane dar.

Im Herbst 1799 reiste Alexanders Bruder Wilhelm von Paris aus nach Spanien, wo er bis zum Frühjahr 1800 blieb. Er besuchte Madrid sowie Andalusien. Die Zeiten hatten sich endgültig geändert. Inzwischen schien Wilhelm auf den Spuren seines jüngeren Bruders zu wandeln, der zu diesem Zeitpunkt schon in Südamerika weilte.

Tropenaufenthalt
in Südamerika und auf Kuba

Die feuchtwarme Luft des tropischen Regenwalds lag wie ein Schleier über dem Fluss. Langsam glitt die Piroge auf dem Orinoco dahin. Humboldt saß an der Bugseite des Bootes und studierte aufmerksam seine Reisekarte. Das Papier, seine Bücher, seine Kleider – die Feuchtigkeit hatte alles durchdrungen. Schon mehr als zwei Monate waren sie auf dem Fluss unterwegs. Am 30. März 1800 hatten sie die Kapuzinermission San Fernando am Apure verlassen, einem Nebenfluss des Orinoco. Dort war die erste Etappe von Humboldts Reise zu Ende gegangen. Er hatte zusammen mit Bonpland die steppenartige Landschaft der Llanos erforscht. In der Kapuzinermission fanden die beiden Naturforscher Zeit, sich auf den nächsten Teil der Reise vorzubereiten, die Erkundung des Urwalds. Humboldt reizte der Besuch einer Landschaft, die vor ihm noch kaum ein Europäer besucht hatte. Ein Kapuziner in der Mission versorgte die Reisegruppe mit exotischen Früchten und alkoholischen Getränken.[67] Nachdem die Versorgung gesichert worden war, konnte die gefährliche Expedition beginnen:

Wir fuhren von San Fernando am 30. März, um vier Uhr abends, bei sehr großer Hitze ab; das Thermometer stand im Schatten auf 34°, obgleich der Wind stark aus Südost blies. Wegen dieses widrigen Windes konnten wir keine Segel aufziehen. Während der gesamten Fahrt [...] begleitete uns der Schwager des Gouverneurs der Provinz Barinas, Don Nicolás Sotto [...]. Um Länder kennenzulernen, die ein würdiges Ziel für die Wißbegierde eines Europäers sind, entschloß er sich, mit uns 74 Tage auf einem engen, von Moskitos wimmelnden Kanu zuzubringen. [...] Auf meiner ganzen Reise von San Fernando nach San Carlos am Rio Negro und von dort zur Stadt Angostura war ich bemüht, Tag für Tag, sei es im Kanu, sei es im Nachtlager, aufzuschreiben, was mir Bemerkenswertes vor-

Alexander von Humboldt und Aimé Bonpland in ihrem Urwaldlaboratorium am Orinoco. Gemälde von Eduard Ender, 1856, nach Skizzen Humboldts aus dem Jahr 1800

gekommen. Durch den starken Regen und die ungeheure Menge von Moskitos, von denen die Luft am Orinoco und Casiquiare wimmelt, hat diese Arbeit notwendig Lücken bekommen, die ich aber wenige Tage später gefüllt habe.[68]

Die Reise schien zunächst ganz nach Plan zu verlaufen. Die Eingeborenen hatten ein Laubdach über dem Segelkanu errichtet. Darunter befanden sich ein Tisch sowie zwei Bänke, auf denen die beiden Forscher Platz genommen hatten. Bonpland hatte einen Teil der in der Steppenlandschaft gesammelten Pflanzen auf dem Tisch ausgebreitet. Daneben lagen seine botanischen Bestimmungsbücher, mit deren Hilfe er die Pflanzen zu identifizieren versuchte.[69] Die Reise auf dem Fluss hatte zwar angenehm angefangen, inzwischen begann der Orinoco jedoch unruhiger zu werden. Die vorher noch paradiesische Natur mit ihren Vögeln und eigentümlichen Wasserbewohnern wie den seekuhartigen Manatis, einer Säugetierart, wandelte sich. Der Wind hatte aufgehört, und das Vorankommen gegen den immer kräftigeren Strom war nur noch durch die Muskelkraft der paddelnden Indios möglich. Sie mussten oft zwölf Stunden am Tag Schwerstarbeit leisten. An eine ruhige wissenschaftliche Tätigkeit im Boot, wie in den ersten Tagen, war nicht mehr zu denken. Die Stromschnellen verbreiteten einen ohrenbetäubenden Lärm. Immer wieder gab es einen Ruck, wenn das Boot gegen die Felsen stieß. Dabei hatte Humboldt sogar eines seiner Barometer verloren, das bei dem Aufprall in den Fluss gefallen war. Die Landschaft am Orinoco hatte schließlich ganz ihren lieblichen Reiz verloren. Große schwarze Granitfelsen waren rechts und links des Flusses zu sehen. Humboldt fühlte sich an europäische Schlösser [70] erinnert und dachte wohl an seine Rheinreise, die er mit seinem Freund Georg Forster unternommen hatte. Der Gelehrte betrachtete diese erhabene Kulisse mit großem Staunen, während die Fahrt immer gefährlicher wurde: *Auf seinem Weg von Süd nach Nord quert den Orinocostrom eine Kette von Granitbergen. Zweimal in seinem Laufe gehemmt, bricht er sich tosend an den Felsen, welche Staffeln und Querdämme bilden. Nichts großartiger als dieses Landschaftsbild. Weder der Fall des Tequendama bei Santa Fé de Bogotá, noch die gewaltige Naturszenerie der Kordilleren vermochten den Eindruck zu verwischen, den die Stromschnellen von Atures und Maipures auf mich machten, als ich sie zum erstenmale sah. Steht man so, daß man die ununterbrochene Reihe von Katarakten, die ungeheuere, von den Strahlen der untergehenden Sonne beleuchtete Schaum- und Dunstfläche mit einem Blicke übersieht, so ist es, als sähe man den ganzen Strom über seinem Bette hängen.* [71]

Eine Weiterfahrt mit der großen Piroge, die sie an ihrem Ausgangspunkt in San Fernando am Apure bestiegen hatten, war nicht mehr gefahrlos möglich. Das Schiff wurde von den Eingeborenen mittels Seilen über die Stromschnellen gelenkt, während die Besatzung über Land gehen musste. Oftmals liefen bei diesem Manöver die Pirogen auf Grund. Die Forscher hatten jedoch Glück, dass die Voraussage eines Schildkrötenhändlers, den sie auf ihrer Reise getroffen hatten, in

Erfüllung ging: *Eure Piroge wird nicht in Stücke gehen, weil ihr kein Kaufmannsgut führt und der Mönch aus den Raudales mit euch reist.* [72] Oftmals ließ man die Schiffe der Kaufleute mutwillig zu Bruch gehen, da man auf diese Weise einen Handel jenseits der Katarakte aus politischen Gründen verhindern wollte. *Die Fahrzeuge, die leicht zerbrechen, [...] sind die der Katalanen, die mit einem Lizenzschein des Gouverneurs von Guayana, nicht aber mit der Genehmigung des Präsidenten [...] jenseits Atures und Maipures Handel treiben wollen.* [73] Die Worte des Schildkrötenhändlers klangen Alexander von Humboldt noch in den Ohren, als er die Katarakte wohlbehalten überwunden hatte.

Der Weg war bisher keineswegs ohne Risiken gewesen. Nur zu gut erinnerte sich Humboldt an ein Zusammentreffen mit einem Jaguar, das er vor einigen Wochen, gleich zu Beginn der Fahrt, hatte. *Wir hielten gegen Mittag an einem unbewohnten Ort, Algodonal genannt. Ich trennte mich von meinem Gefährten, während man das Fahrzeug an Land zog und das Mittagessen zubereitete. Ich ging am Gestade hin, um in der Nähe eine Gruppe von Krokodilen zu beobachten, die in der Sonne schliefen, wobei sie ihre mit breiten Platten belegten Schwänze aufeinander legten. [...] Wenig fehlte aber, so wäre mir der Spaziergang übel bekommen. Ich hatte immer nur nach dem Flusse hin gesehen; als ich aber Glimmerblättchen aus dem Sande aufnahm, bemerkte ich die frische Fährte eines Tigers, die an ihrer Form und Größe so leicht zu erkennen ist. Das Tier war dem Walde zu gegangen, und als ich nun dorthin blickte, sah ich achtzig Schritte von mir einen Jaguar unter dem dichten Laub einer Ceiba [eine tropische Baumart] liegen. Niemals ist mir ein Tiger so riesig vorgekommen.*

Es gibt Vorfälle im Leben, wo man vergeblich [...] zu Hilfe ruft. Ich war erschrocken, indessen noch soweit Herr meiner selbst, [...] daß ich die Verhaltensregeln befolgen konnte, die uns die Indianer schon oft für dergleichen Fälle erteilt hatten. Ich ging weiter, lief aber nicht; ich vermied es, die Arme zu bewegen, und glaubte zu bemerken, daß der Jaguar bei einer Herde Capybaras war, die über den Fluß schwammen. Jetzt kehrte ich um und beschrieb einen ziemlich weiten Bogen dem Ufer zu. Je weiter ich von ihm weg kam, desto rascher glaubte ich gehen zu können. Wie oft war ich in Versuchung, mich umzusehen, ob ich nicht verfolgt werde! Glücklicherweise gab ich diesem Drängen erst sehr spät nach. Der Jaguar war ruhig liegen geblieben. Diese ungeheuren Katzen mit geflecktem Fell sind hierzulande [...] so gut genährt, daß sie selten einen Menschen anfallen. Ich kam atemlos beim Schiffe an und erzählte den Indianern mein Abenteuer. Sie schienen sich nicht viel daraus zu machen.[74]

Das Ziel der Reise auf dem Orinoco bestand jedoch nicht nur darin, gefährliche Abenteuer zu bestehen. Humboldt wollte beweisen, dass über den Verbindungsfluss Casiquiare der Orinoco und der Rio Negro miteinander verbunden waren. Da der Rio Negro eine Verbindung zum Amazonas hatte, würde eine Passage auf dem Casiquiare die Existenz eines Flusssystems im tropischen Regenwald bestätigen. Einige Wochen nach dem Überqueren der Stromschnellen war er dem Beweis von einem «Netzwerk» der Flüsse im tropischen Regenwald ganz nahe. Er musste auf dem Flussweg die Siedlung Esmeralda erreichen, die Verzweigungsstelle zwischen dem Casiquiare und dem Orinoco. Der Beweis für die Gabelteilung des Flusses würde die Landkarten verändern.

Doch die Expedition bedrohte die Gesundheit der Expeditionsteilnehmer. Bonpland erkrankte schwer an hohem Fieber. *Unter allen körperlichen Leiden wirken diejenigen am niederschlagendsten, die in ihrer Dauer immer dieselben sind, und gegen die es kein Mittel gibt als Geduld. Die Ausdünstungen in den Wäldern am Casiquiare haben wahrscheinlich bei Bonpland den Keim zu der schweren Krankheit gelegt [...]. Zu unserem Glück ahnte er so wenig wie ich die Gefahr, die ihm drohte. Der Anblick des Flusses und das Summen der Moskitos kamen uns allerdings etwas einförmig vor. [...] So großen Entbehrungen wir auch auf unsern Zügen in den Kordilleren ausgesetzt gewesen, die Flußfahrt von Mandavaca nach Esmeralda erschien uns immer als das beschwerdereichste Stück unseren Aufenthalts in Amerika. Ich rate den Reisenden, den Weg über den Casiquiare dem über den Atabapo nicht vorzuziehen, sie müßten denn sehr großes Verlangen haben, die große Bifurkation des Orinoco mit eigenen Augen zu sehen.*[75]

Alexander von Humboldt war gewiss kein Freund von Übertreibungen. Wenn er die dramatische Fahrt auf dem Orinoco als die gefährlichste Etappe seiner Reise beschreibt, so kann man sich die Risiken der Expedition sehr gut ausmalen. Kaum ein Europäer hatte die Regionen jenseits der Katarakte erkundet. Nach der Vorstellung der Eingeborenen wohnten dort Wilde, die ein schreckliches Aussehen besitzen sollten. Der Naturforscher hatte viel riskiert und viel gewonnen. In der Nacht vor dem Erreichen der Stadt Esmeralda verschwand plötzlich der Hund, der die Reisenden seit der Ankunft in der Stadt Caracas begleitet hatte. Alexander von Humboldt wusste sich sein Verschwinden jedoch zu erklären: *Am Orinoco und am Magdalenenstrom versicherte man uns oft, die ältesten Jaguare [...] seien so verschlagen, daß sie mitten aus einem Nachtlager Tiere herausholen, indem sie ihnen den Hals zudrücken, damit sie nicht schreien können.*[76]

Am Morgen des 21. Mai warteten die Reisenden noch lange auf die Rückkehr der treuen Dogge. Schließlich gaben sie die Hoffnung auf und fuhren in Richtung Esmeralda weiter.

Mit der Landung der «Pizarro» am 27. Juni 1799 in Cumaná, gelegen im heutigen Venezuela, begann für Humboldt und seinen Reisegefährten Bonpland der erste Teil des Aufenthalts in den Tropen. Anfangs passierte nichts Spektakuläres. *Die ersten Wochen unseres Aufenthalts in Cumaná verwendeten wir dazu, unsere Instrumente zu berichtigen, in der Umgegend zu botanisieren und die Spuren des Erdbebens vom 14. Dezember 1797 zu untersuchen.*[77]

Humboldt und Bonpland waren Forschungsreisende. Ihr Hauptziel war die Erkundung und Vermessung der tropischen Landschaft. Darüber hinaus suchte Humboldt Beweise für eine Theorie der Entstehung der Erde. In Freiberg war er von seinem Lehrer Abraham Gottlob Werner, einem begeisterten Neptunisten, geprägt worden. Werner sah die Hauptursache für die Entstehung der Erde in den Wirkungen der Meere und Binnengewässer. Die Vulkane in Süd- und Mittelamerika sowie die zahlreichen Erdbeben, die in dieser Region verheerende Schäden angerichtet hatten, ließen Humboldt in das Lager der Vulkanisten wechseln. Humboldts wissenschaftliches

Vorgehen war jedoch von überlegtem Handeln bestimmt. Erst wenn er genügend Beweise für eine wissenschaftliche Theorie hatte, schloss er sich ihr an.

Der preußische Naturforscher war ein Feind vorschneller Spekulationen. So hatte er sich in seiner Zeit als Bergbauingenieur intensiv mit der Lebenskrafttheorie sowie galvanischen Versuchen beschäftigt. Deshalb lag es zunächst nahe, die geologischen Phänomene mit dem Galvanismus in Verbindung zu bringen: *Man hat in neuester Zeit den Versuch gemacht, die Erscheinungen der Vulkane und Erdbeben als Wirkungen des Galvanismus aufzufassen, der sich bei besonderer Anordnung ungleichartiger Erdschichten entwickeln soll. Es läßt sich nicht leugnen, daß häufig, wenn im Verlauf einiger Stunden starke Erdstöße aufeinander folgen, die elektrische Spannung der Luft in dem Augenblick, wo der Boden am stärksten erschüttert wird, deutlich zunimmt; um aber diese Erscheinung zu erklären, braucht man seine Zuflucht nicht zu einer Hypothese zu nehmen, die in geradem Widerspruch steht mit allem, was bis jetzt über den Bau unseres Planeten und die Anordnung seiner Erdschichten beobachtet worden ist.*[78] Humboldt ist empirischer Wissenschaftler. Obwohl es verlockend zu sein scheint, Analogien zwischen der Erdentstehung und der Physiologie des Menschen mit Hilfe des Galvanismus herzustellen, lehnt der Naturforscher aber jedes hypothetische Denken ab, wenn es sich nicht durch eine Messreihe oder eine Kette von Beobachtungen beweisen lässt.

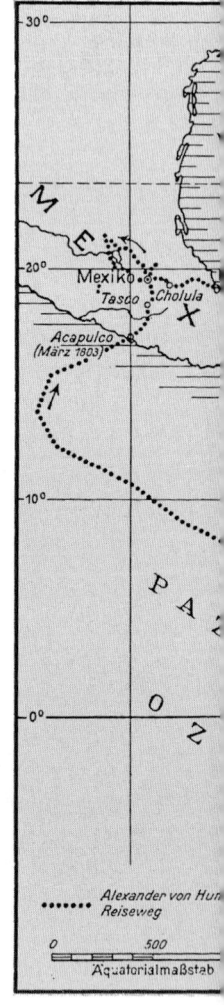

Reisewege Alexander von Humboldts während seines Aufenthalts in Amerika (1799–1804)

Humboldt erkundete in Südamerika zunächst die Küste. Er besuchte die dem heutigen Venezuela vorgelagerte Halbinsel Araya, wo er sich besonders für eine Saline interessierte. Rohstoffe, Nahrungsmittel und Agrarprodukte beschäftigten ihn aus der Perspektive des Kameralisten, der sich mit wirtschaftlichen Verhältnissen auseinandersetzt. Seine weitgefächerten Interessen sind Resultat seiner Ausbildung, in der er sich mit einer Vielzahl von Wissensgebieten beschäftigt hat.

Die erste Reise ins Landesinnere von Südamerika begann am 4. September 1799. Humboldt und Bonpland begaben sich durch die Steppenlandschaft in Richtung Südwesten nach Caripe, wo sie Unterkunft bei einer Kapuzinermission fanden. In deren Nähe lag eine Höhle, die auf das Interesse der Naturforscher stieß. Humboldt beobachtete dort eine seltene Art von Vögeln, die die Einheimischen als «Guácharos» bezeichneten und die zu Tausenden unter Tage lebten. Sie selbst hatten ein gespaltenes Verhältnis zu der Höhle bei Caripe und ihren seltsamen Bewohnern. Auf der einen Seite verursachten die Dunkelheit und das Geschrei der schwarzen Vögel große Ängste, sodass sich Humboldts Begleiter weigerten, tief in das Innere der Höhle vorzudringen. Auf der anderen Seite spielte sich am Johannistag (24. Juni) alljährlich eine furchterregende Zeremonie ab: Mit Stangen bewaffnet, drangen die Indianer in den Lebensraum der Guácharos ein, zerstörten deren Nester und erschlugen mehrere tausend Vögel.[79] Der moderne Name der Tiere – «Fettschwalm»[80] – verdeutlicht, weshalb die Einheimischen ein großes Interesse an den Höhlenbewohnern hatten. Sie dienten zur Gewinnung eines zentralen Nahrungsmittels – Fett –, das aus den getöteten Vögeln gewonnen wurde.

Die Erforschung der Höhle von Caripe ist ein sehr gutes Beispiel für Humboldts wissenschaftliches Vorgehen. Der ehemalige Bergbauingenieur war mit der «Welt unter Tage» seit seinem Studium an der Bergakademie in Freiberg vertraut. Er nahm bei seinem Vordringen in die tropische Welt keine Rücksicht auf Tabus und Befindlichkeiten der Indianer. Er drang immer weiter in die Tiefe der Höhle vor, obwohl sich seine Begleiter den Forschungsinteressen des wissbegierigen Europäers verweigerten. Aber das Entschleiern von Naturgeheimnissen war letztlich von Erfolg gekrönt. Humboldts Forschungen, seine

Die Guácharo-Höhle bei Caripe. Dort beobachteten Humboldt und Bonpland eine in Europa bisher unbekannte Vogelart, die Guácharos. Gemälde von Ferdinand Bellermann, 1842

Zeichnung des Fettschwalms, verdankt die Naturwissenschaft die Kenntnis einer bisher in Europa unbekannten Vogelart.

Die Begebenheit in der Höhle zeigt auch, dass er ein zwiespältiges Verhältnis zu den Einheimischen hatte. Er verklärte den «Wilden» nicht, sondern stellte ihn in seiner Grausamkeit gegenüber der Tierwelt dar (das Erschlagen der Vögel). Zugleich schilderte er aber auch die Ängstlichkeit und den Aberglauben der einheimischen Bevölkerung.[81] Humboldt lieferte seinen späteren Zuhörern und Lesern ein sehr realistisches Bild der Tropen.

Der Besuch der Höhle bei Caripe war Teil einer ersten Exkursion des Naturforschers in das Landesinnere. In Richtung Cariaco verließ die Reisegruppe die Kapuzinermission wieder und erreichte am 24. September 1799 den Ort, an dem Humboldt und sein Begleiter wenige Monate zuvor gelandet waren: die Hafenstadt Cumaná. Die letzten Wochen des Jahres erkundeten sie die Küste des Karibischen Meeres. Auf dem Seeweg erreichten sie im November die Stadt Caracas, in der sie den Jahreswechsel in ein neues Jahrhundert erlebten. Das 19. Jahrhundert sollte eine Ära des Siegeszugs von Wissenschaft, Technik und Forschung werden. Alexander von Humboldt sollte diese Epoche maßgeblich prägen.

Sein nächstes Ziel in den Tropen war der Besuch des Regenwalds, in dessen Tiefen sich bisher kaum ein europäischer Forscher vorgewagt hatte. Humboldt verband mit der Reise auf dem Orinoco zwei Ziele. Zum einen stellte der Fluss eine ideale Verkehrsader dar, um Flora und Fauna des Urwalds am besten kennenzulernen. Darüber hinaus wollte Humboldt mit einer Flussfahrt auf den tropischen Binnengewässern beweisen, dass der Orinoco und der Amazonas Bestandteile eines großen geographischen Flusssystems waren. Der Weg führte die beiden Naturforscher zunächst durch die Steppenlandschaft im Norden des heutigen Venezuela. Sie hatten eine ungünstige Phase für ihre Reise gewählt. Tagestemperaturen von über 40 Grad waren keine Seltenheit. Es überrascht nicht, dass eine der ersten Naturansichten, die Humboldt den Hörern seiner Vorträge in Europa mitteilte, eine Beschreibung der Steppen und Wüsten darstellt: *Wenn unter dem senkrechten Strahl der nie bewölkten Sonne die verkohlte Grasdecke in Staub zerfallen ist, klafft der erhärtete Boden auf, als wäre er von mächtigen Erdstößen erschüttert. Berühren ihn dann entgegengesetzte Luftströme, deren*

Streit sich in kreisender Bewegung ausgleicht, so gewährt die Ebene einen seltsamen Anblick. [...] Ein trübes, fast strohartiges Halblicht wirft die nun scheinbar niedrigere Himmelsdecke auf die verödete Flur. Der Horizont tritt plötzlich näher. Er verengt die Steppe wie das Gemüt des Wanderers. Die heiße, staubige Erde, welche im nebelartig verschleierten Dunstkreise schwebt, vermehrt die erstickende Luftwärme. Statt Kühlung führt der Ostwind neue Glut herbei, wenn er über den lang erhitzten Boden hinweht. [82]

Humboldt schildert nicht nur exakt die meteorologischen Verhältnisse, die in der Steppenlandschaft herrschen. Er widmet sich in dem Naturbild auch der Wirkung, welche die Wüstenlandschaft beim *Wanderer* hinterlässt. Das sich verengende *Gemüt* des Reisenden ist für ihn ein zentrales Gefühl, das ihn bei der Passage durch die öde Landschaft ergreift. Natur ist bei Alexander von Humboldt nicht ausschließlich ein Gegenstand, ein Objekt, das man erforschen muss. Die Wirkung der Umwelt auf das Individuum hat für ihn die gleiche Bedeutung wie das reine Vermessen und kartographische Erfassen der Landschaft. Humboldt begegnet uns in seinen Schriften nicht nur als Wissenschaftler, sondern auch als dichterisches Ich. Er zeigt uns seine rationale wie seine emotionale Seite. Zwei auf den ersten Blick sehr extreme Gegensätze verschmelzen in seinen Reisebildern aus den Tropen zu einer Einheit, die den Leser des 21. Jahrhunderts genauso berührt wie die Zeitgenossen des Naturforschers.

Die Verbindung von emotionaler Betroffenheit und wissenschaftlicher Analyse eines Naturphänomens findet sich besonders in der Beschreibung elektrischer Zitteraale, die Humboldt auf dem Landweg in Richtung San Fernando de Apure beobachten konnte. In der Nähe von Calabozo [83] leben in lehmigen Teichen Zitteraale (Electrophorus electricus). Humboldt wollte sie zu Forschungszwecken bei lebendigem Leib fangen. Dazu ließ er Pferde und Maultiere in die Teiche treiben. Gegen die Eindringlinge wehrten sich die Fische mit heftigen Stromschlägen, denen einige der Lasttiere zum Opfer fielen. Dabei entlud sich die elektrische Kraft der Aale allmählich, sodass sie auf relativ einfache Weise gefangen werden konnten. Hum-

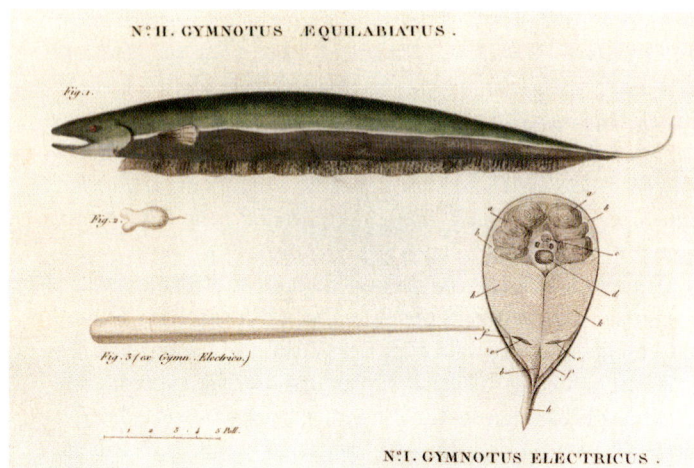

Zwei südamerikanische Gymnotus-Arten. Humboldt beschreibt das Fangen des «elektrischen Aales» mit Hilfe von Pferden in seinem Reisewerk. Kolorierter Kupferstich von Louis Bouquet nach auf Skizzen Humboldts basierenden Zeichnungen von Leopold Müller aus Humboldts zoologischem Werk «Recueil d'observations de zoologie et d'anatomie comparée», Bd. 2, Tafel X, [1813–]1833

boldt schildert den Vorgang in seinen *Ansichten der Natur*. Die Darstellung des Kampfes zwischen Pferd und Aal geht über eine reine Naturbeschreibung hinaus, auch deshalb, weil er zu einem wissenschaftlichen Rundumschlag über die Kräfte im Kosmos ansetzt: *Dies ist der wunderbare Kampf der Pferde und Fische. Was unsichtbar die lebendige Waffe dieser Wasserbewohner ist, was durch die Berührung feuchter und ungleicher Teile erweckt in allen Organen der Tiere und Pflanzen umtreibt, was die weite Himmelsdecke donnernd entflammt, was Eisen an Eisen bindet und den stillen wiederkehrenden Gang der leitenden Nadel lenkt: Alles, wie die Farbe des geteilten Lichtstrahls, fließt aus einer Quelle; alles schmilzt in eine ewige, allverbreitete Kraft zusammen.*[84]

Für Humboldt ist die Kraft der elektrischen Aale kein isoliertes Einzelphänomen. Er baut eine Brücke zur Botanik und Geophysik, wo er die Wirkung der Elektrizität beobachten konnte. Sämtliche Naturerscheinungen sind in ihrer Mannigfaltigkeit Teile eines großen Ganzen, das der Naturforscher niemals aus den Augen verliert. Dem sich in Einzelheiten verzettelnden Naturforscher stellt Humboldt das Bild eines ganzheitlich denkenden Wissenschaftlers entgegen. Eine derartige Wahrnehmung der Welt erklärt seine Aktualität.

Ganzheitlich betrachtet er auch die Pflanzenwelt, die er in den Tropen untersucht. An der Landschaft in Südamerika beeindruckt ihn vor allem die Tatsache, dass dort alle in der Welt vorhandenen botanischen Formen vorkommen: *So hat die Natur dem Menschen in der heißen Zone verliehen, ohne seine Heimat zu verlassen, alle Pflanzengestalten der Erde zu sehen, wie das Himmelsgewölbe von Pol zu Pol ihm keine seiner leuchtenden Welten verbirgt.*[85]

Es ist der Totaleindruck der gesamten Pflanzendecke in einem geographischen Raum, der Humboldt ganz besonders in den Tropen fasziniert. Speziell die Wuchsformen im tropischen Regenwald haben sein Interesse gefunden.

Um diese Vielfalt zu beschreiben, ergibt sich für ihn die Schwierigkeit, eine geeignete mediale Darstellung zu finden. Eine seriöse wissenschaftliche Möglichkeit böte sich eben darin, die Pflanzen nach der Systematik des schwedischen Botanikers Linné zu bestimmen. Dazu müsste er jedoch die geschlechtsspezifischen Merkmale der Objekte untersuchen. Ein Zergliedern der Pflanze wäre für dieses Vorhaben notwendig, um anhand der Blütenstruktur und den Fortpflanzungsorganen eine Einordnung vorzunehmen. Genau diesen Weg wollte Humboldt aber nicht beschreiten: *Umfaßt man mit einem Blick die verschiedenen [...] Pflanzenarten, welche bereits den Herbarien einverleibt sind und deren Zahl jetzt auf weit mehr den 80 000 geschätzt wird, so erkennt man in dieser wundervollen Menge gewisse Hauptformen, auf welche sich viele andere zurückführen lassen. [...] Aber der botanische Systematiker trennt eine Menge von Pflanzengruppen, welche der Physiognomiker sich gezwungen sieht, miteinander zu verbinden.*[86]

Humboldt grenzt den sich in Einzelheiten verlierenden Botaniker von einem ganz anderen wissenschaftlichen Typus ab. Mit dem Ausdruck *Physiognomik* greift er auf einen alten wissenschaftlichen Begriff zurück, den er mit neuen Inhalten belebt. Er reduzierte die pflanzlichen Typen, die er in den Tropen erkannt hatte, auf sechzehn Pflanzenformen. Diese sind für ihn die gängigen botanischen Lebensformen, die es auf der Welt gibt. Sie lassen sich auf relativ einfache Weise beschreiben, sind leicht erkennbar und vermitteln dem Betrachter einen Gesamteindruck, ohne ihn zu ermüden.

Alexander von Humboldt unterscheidet den *Physiognomiker* vom wissenschaftlichen *Systematiker*. Er betrachtet seine Aufgabe als eine Kombination von Wissenschaft und Kunst, indem er sein Tätigkeitsfeld mit dem eines Malers vergleicht: *Der Maler (und gerade dem feinen Naturgefühl des Künstlers kommt hier der Ausspruch zu!) unterscheidet in dem Hintergrund einer Landschaft Pinien oder Palmengebüsche von Buchen-, nicht aber diese von anderen Laubholzwäldern!*[87]

Hier werden die Grenzen von Kunst und Wissenschaft überwunden. Der Botaniker sieht sich als Künstler, dem es um die Vermittlung eines ästhetischen Genusses geht. Gerade weil Humboldt ein so kenntnisreicher Botaniker ist, der die Linné'sche Systematik sehr wohl beherrscht, wendet er sich der Kunst zu. Zu deren Darstellung greift er jedoch nicht auf botanische Abbildungen zurück, sondern er benutzt in seinem Reisewerk *Ansichten der Natur* die Sprache als Medium der Darstellung: *Aber in der Ausbildung unserer Sprache, in der glühenden Phantasie des Dichters […] ist eine reiche Quelle des Ersatzes geöffnet. Aus ihr schöpft unsere Einbildungskraft die lebendigen Bilder einer exotischen Natur.*[88]

Alexander von Humboldt möchte seine Leser und Hörer auf eine imaginäre Reise mitnehmen. Jeder soll sich vor dem Auge seines Geistes eine innere Welt der tropischen Natur erschaffen. Dabei sind die physiognomischen Lebensformen, die noch immer in der modernen Botanik verwendet werden, eine entscheidende Richtschnur. Wissenschaft ist hier nicht Selbstzweck, sondern hat eine Aufgabe, die der Bildung, Erbauung und Weiterentwicklung des Menschen dient. Alexander von Humboldt steht seinem Bruder Wilhelm, dem Pädagogen und

Tropische Vegetation mit verschiedenen Pflanzenformen.
Gemälde von Johann Moritz Rugendas, um 1832

Kulturpolitiker, der das Selbstverständnis einer Universität in der Einheit von Forschung und Lehre begründet sieht, um nichts nach.

Nachdem er den Beweis für die Kontinuität des Flusssystems in Südamerika aufgrund der Verbindung von Orinoco und Amazonas erbracht hatte, erreichte er am 13. Juni 1800 die Stadt Angostura (das heutige Ciudad Bolívar). Hier endete die Flussfahrt, die fünfundsiebzig Tage gedauert hatte. Er und Bonpland hatten allein für die Etappe auf den Binnengewässern im tropischen Regenwald eine Entfernung von 2250 Kilometern zurückgelegt. Die Rückreise auf dem Landweg nach Nueva Barcelona, das etwa hundert Kilometer von Cumaná entfernt liegt, dem Ort der ersten Ankunft in Südamerika, verlief problemlos. Bonpland hatte sich auf der Rückreise durch die Steppenlandschaft wieder von seiner Erkrankung erholt. Bei einem Abstecher in die Bergkette Aguas Calientes, die sich in der Nähe von Nueva Barcelona befindet, berichtet Humboldt von einer kuriosen Begebenheit: *Unser Ausflug zu den Aguas calientes am Bergantín endete mit einem leidigen Unfall. Unser Gastfreund hatte uns seine schönsten Reitpferde geliehen. Man hatte uns zugleich gewarnt, nicht durch den kleinen Fluß Narigual zu waten. Wir gingen daher über eine Art Brücke oder vielmehr aneinander gelegte Baumstämme, und ließen unsere Pferde am Zügel herüberschwimmen. Da verschwand das meinige auf einmal; es schlug noch eine Weile unter dem Wasser um sich, aber trotz allen Suchens konnten wir nicht ausfindig machen, was den Unfall veranlaßt haben mochte. Unsere Führer vermuteten, das Tier werde von den Kaimanen, die hier sehr häufig sind, an den Beinen gepackt worden sein. Meine Verlegenheit war sehr groß […].*[89]

Gefahren lauerten auf einer Reise nach Südamerika überall, selbst bei risikoloseren Unternehmungen. Auch wenn die Chance wesentlich größer war, auf dem Orinoco von Kaimanen, einer Unterfamilie der Alligatoren, angegriffen zu werden, so war für Humboldt und seinen Begleiter letztlich kein Binnengewässer in Südamerika vor einer unheimlichen Begegnung mit der Krokodilart sicher. Nach einem Zwischenaufenthalt in Cumaná brachen die beiden Forscher am 24. November 1800 von Nueva Barcelona nach Kuba auf. Sie landeten fünf Tage vor Weihnachten in La Habana – dem heutigen Havanna – und blieben knapp drei Monate auf der Insel.

Der Aufenthalt auf Kuba ist nicht so sehr im Hinblick auf

die botanischen Forschungen von Bedeutung. Humboldt besuchte neben der Hauptstadt nur bestimmte Gegenden, etwa die heutige Region von Güines sowie die Hafenstadt Trinidad. Seine Beschreibung von Kuba lässt die vielen Facetten des Naturforschers erkennen.[90] Er war nicht nur Botaniker und Geologe, sondern eben auch Kameralwissenschaftler. Deshalb interessierte er sich in diesem Fall vor allem für die wirtschaftlichen und administrativen Verhältnisse, die auf der Insel herrschten. Die Besuche mehrerer Haciendas veranlassten ihn, die zum Himmel schreiende Ungerechtigkeit der Sklavenhaltung auf den Zuckerrohrplantagen in seinen Essay über Kuba[91] aufzunehmen. Humboldt zeigt sich darin als typischer Vertreter der europäischen Aufklärung, der im Zeitalter der Französischen Revolution für gerechte Strukturen kämpfte:

Ohne Zweifel ist die Sklaverei das größte aller Übel, welche die Menschheit gepeinigt haben, sei es, daß man einen Sklaven betrachtet, wie er seiner Familie […] entrissen und in die Schiffsräume […] geworfen wird, oder daß man ihn als einen Teil der Herde schwarzer

Zuckersiederei auf Kuba. Farblithographie von Frederico Miahle, 1853

*Menschen, die auf dem Boden der Antillen zusammengepfercht wird,
betrachtet; immerhin gibt es aber noch Abstufungen für die Individu-
en in solchen Leiden und Entbehrungen. Welcher Unterschied zwischen einem Sklaven, der im Haus eines reichen Mannes in Havanna
und in Kingston [Jamaica] dient oder auf eigene Rechnung arbeitet
und seinem Herrn nur eine tägliche Löhnung zahlt, gegenüber dem
in einer Zuckerpflanzung dienstbaren Sklaven!*[92]

Humboldt sieht es als Aufgabe des aufgeklärten Staates an,
Abhilfe zu schaffen. Der Bericht über Kuba erschien zum ersten
Mal im Jahr 1826, fünfundzwanzig Jahre nach seiner Rückkehr
nach Europa. Aber auch ein derart großer zeitlicher Abstand
hat seine Haltung zur Sklaverei keinesfalls verändert, Humboldt spart nicht mit Kritik an den europäischen Regierungen,
die als Handelsmächte den Sklavenhandel indirekt fördern:
*Wenn nach und nach die Bande der Sklaverei aufgelöst werden soll-
te, so ist dazu erforderlich die strengste Handhabung der Gesetze
gegen den Negerhandel, diffamierende Strafen gegen die, welche
dieselben verletzen, sowie die Einrichtung gemischter Gerichtsstellen
und das nach gerechter Gegenseitigkeit angewandte Recht der Untersuchung der Schiffe. Unstreitig ist es traurig zu hören, daß infolge der
schimpflichen und strafbaren Gleichgültigkeit einiger europäischer
Regierungen der [...] um so grausamer betriebene Negerhandel seit
zehn Jahren aus Afrika neuerdings fast die gleiche Zahl Schwarze
herüberholt wie vor 1807; [...].*[93]

Es ist verständlich, dass der Name «Alexander von Humboldt» in den ehemaligen Kolonien Süd- und Mittelamerikas
heute noch einen guten Klang besitzt. Man verbindet mit ihm
das Bild des guten, menschenfreundlichen Europäers, der die
von ihm bereisten Länder nicht mit wissenschaftlichen Scheuklappen betrachtete.

Am 5. März 1801 verließen Humboldt und Bonpland Kuba.
Mit der Ankunft in Cartagena knapp vier Wochen später begann eine weitere Etappe der Forschungsreise, die die Gelehrten in das Andengebirge führte. Dort sollten sie einen Höhenrekord aufstellen, der jahrzehntelang nicht gebrochen wurde.

Gipfelerlebnisse – von den Höhen der Anden nach Mexiko und in die USA

Die Luft wurde zunehmend dünner. Bei jedem Tritt auf einen Felsen hatte Humboldt fast unerträgliche Schmerzen im Fuß. Der Gipfel des Chimborazo hatte sich in eine dichte Nebelwolke eingehüllt. Erstmalig während seiner gesamten Reise in die Tropen haderte der Naturforscher mit seinem Schicksal: War es wirklich sinnvoll, heute Morgen den Aufstieg auf den höchsten Berg der Erde zu wagen? Bisher war doch alles gut verlaufen. Die Fahrt über den Atlantik, die unzähligen Begegnungen mit gefährlichen Tieren und Reptilien, die Fahrt auf dem Orinoco!

Der Chimborazo, vom Plateau von Tapia aus betrachtet. Gezeichnet von Jean-Thomas Thibaut nach einer Skizze von Alexander von Humboldt aus «Vues des Cordillères», 1810–13, Tafel XXV, gestochen von Louis Bouquet

Humboldt hatte an diesem Morgen des 23. Juni 1802 beschlossen, den Gipfel des erloschenen Vulkans zu besteigen, obwohl er noch vor wenigen Tagen gegenüber Bonpland geäußert hatte, dass ein Aufstieg auf den Chimborazo keine neuen wissenschaftlichen Erkenntnisse bieten würde. Was gab es da oben schon zu sehen? Der Krater besaß keine innere Hitze mehr. Inzwischen hatten Millionen Tonnen von Eis den Ort gefüllt, wo einstmals glühende Lava vorhanden war. Erst vor wenigen Wochen war es ihm gelungen, den noch intakten Anden-Vulkan Pichincha zu erklimmen. Dieser war immerhin fast 4800 Meter hoch. Humboldt und seine Reisegefährten hatten in einen schwarzen Krater geblickt, aus dem unter heftigem Beben der Erde Flammen emporschossen. Am nächsten Tag wurde die Gegend um den Vulkan von einem Erdbeben erschüttert, das mit der Aktivität des Vulkans in Verbindung stand. Die Eingeborenen gaben dem fremden Naturforscher aus Europa die Schuld und verdächtigten ihn, Schießpulver in den Krater geschüttet zu haben.[94] Humboldt freute sich schon auf seine Veröffentlichungen, wenn er wieder nach Europa zurückkehren würde. Er, der «kleine Apotheker von Schloss Tegel», würde es dann seiner Umwelt zeigen, welche Potenziale in ihm steckten. Der Neptunismus, die Theorie von der Entstehung der Erde aus dem Wasser, war einfach nicht mehr zu halten. Selbstverständlich gab es geologische Veränderungen, die mit den Gewässern und Meeren etwas zu tun hatten. Aber die maßgeblichen Triebkräfte kamen aus dem Inneren der Erde. Humboldt fühlte sie ganz deutlich, als er auf dem Gipfel des Pichincha stand und Angst hatte, jeden Moment in den Abgrund gerissen zu werden.

Jetzt stand er in der Region des ewigen Schnees. An diesem Morgen sah alles ganz einfach aus. Sie hatten ihr Lager an der Westseite des Berges verlassen und wollten in die Ebene hinunter, als Humboldt einen Zwang spürte, doch noch auf den Chimborazo zu steigen. Es sah nach einer leichten Wanderung aus, die über eine Felsmoräne und Schneefelder führte. Darüber hinaus erschien ihm das Datum gut gewählt. Vor fast drei Jahren hatte er den Pico del Teide erklommen, einen erloschenen Vulkan auf der Insel Teneriffa. *Am 23. Juni 1802 [...] erstiegen wir den Chimborazo. [...] Der Tag war sehr dunkel und neblig. Man sah den Gipfel nur von Zeit zu Zeit. In der vorangegangen Nacht war viel Schnee gefallen.*[95] Humboldt war über sich selbst irritiert. Er hatte sich von Emotionen leiten lassen – und seinen schmerzenden Fuß vergessen. Dabei ging es auch den anderen Teilnehmern der Expedition nicht besonders gut. *Unsere Begleiter waren vor Kälte erstarrt und ließen uns im Stich; nur Bonpland, Montúfar, der Mann am Barometer und zwei Indianer folgten mir. Die Indianer blieben bei 2600 Toisen [Toisen = Höhenangabe, ca. 5100 Meter], allen unseren Drohungen zum Trotz, schließlich ebenfalls zurück. Sie versicherten, sie würden vor Atemnot sterben, obgleich sie uns wenige Stunden zuvor voller Mitleid betrachtet und behauptet hatten, daß die Weißen es nicht einmal bis zur Schneegrenze schaffen würden.*[96] Schon beim ersten Gang über das Schneefeld waren Humboldts Stiefel durchgeweicht. Die Kälte des ewigen Eises umschloss seine Füße. Nur der Weg entlang der felsigen Wand erschien sicher, denn dort lag kein Schnee. Inzwischen begannen sich bei den Teilnehmern der Bergexpedition auch die ersten körperlichen Symptome bemerkbar zu machen: *Wir stiegen höher, [...] aber die Kälte nahm mit jedem Schritt zu. Auch das Atmen wurde stark beeinträchtigt, und noch unangenehmer war, daß alle Übelkeit, einen Drang sich zu erbrechen verspürten. Ein Landmann [...], der uns mit viel gutem Willen folgte, ein sehr robuster Mann, versicherte, daß ihm in seinem Leben der Magen noch nie so geschmerzt habe wie in diesem Augenblick. Außerdem bluteten uns Zahnfleisch und die Lippen. Das Weiße unserer Augen war blutunterlaufen. Bei Montúfar, dessen Körper das meiste Blut enthielt, waren diese Phänomene am schlimmsten.*[97]

Humboldt hatte den jungen Mann vor wenigen Monaten in Quito kennengelernt. Der einundzwanzigjährige Carlos Montúfar stammte aus einer angesehenen Familie, die sich für die Forschungen des preußischen Adligen interessierte. Dieser war von Montúfars Enthusiasmus so begeistert, dass er ihn auf seine Anden-Expedition mitnahm. Die Zeiten hatten sich geändert. Vor einigen Jahren hatte er noch versucht, den gelehrten Dichtern aus Weimar zu gefallen. Jetzt bemühten

Alexander von Humboldt in der Uniform eines preußischen Bergbeamten. Oben links das Humboldt'sche Familienwappen. Kopie des 1802 in Quito entstandenen Gemäldes von José Cortes durch Ernst Sigmund von Sallwürk, 1942

sich junge Naturforscher um die Gunst eines knapp dreiunddreißigjährigen Europäers.

Humboldt schien, wie bei der Flussfahrt auf dem Orinoco, keine Angst vor gesundheitlichen Risiken zu haben. Zu schaffen machte ihm in erster Linie das schlechte Wetter: *Ich glaube also, daß weniger die Atemnot als vielmehr der Schnee das Erreichen des Gipfels verhindert.* Allmählich begann sich der rational denkende Wissenschaftler zu melden: *Welchen Nutzen hätte man davon, wenn man seine Instrumente 200 Toisen höher trüge, auf ein Gelände, wo das Gestein sich der Beobachtung entzieht, auf einen Berg, der für magnetische Experimente ungeeignet ist, weil das Gestein die Magnetnadel beeinflußt und selbst Pole besitzt.* [98]

Humboldt gab das Zeichen zur Umkehr. Nach einigen Metern Abstieg begann es heftig zu hageln, etwas tiefer setzte Schneetreiben ein. Die Reisegruppe war erschöpft. *Wir trugen kurze Stiefel, einfache Kleidung, hatten keine Handschuhe (man kennt sie hier kaum); man mag sich vorstellen, in welchem Zustand wir uns befanden. Die Hände waren blutig, ständig stieß ein kranker, mit Geschwüren bedeckter Fuß gegen spitze Felsen, jeder Schritt mußte berechnet werden, da man den vom Schnee bedeckten Weg nicht mehr sah – dergestalt war meine wenig vergnügliche Lage.* [99]

Kurz nach 14 Uhr erreichten die Forscher die Grenze des ewigen Schnees, am Spätnachmittag befanden sie sich wieder in ihrem Lager. Obwohl der Aufstieg auf den Gipfel nicht gelungen war, hatte Humboldt einen Höhenrekord aufgestellt. Jahrzehntelang sollte es keinem anderen Menschen gelingen, den um 1800 als höchsten Berg der Erde geltenden Chimborazo zu bezwingen, der eine Höhe von gut 6300 Metern besitzt.

Am 30. März 1801 landeten Humboldt und Bonpland in Cartagena, gelegen im heutigen Kolumbien, nachdem sie am 5. März von Kuba aufgebrochen waren. Das Ziel war eine Reise in Richtung Süden, bis nach Lima, in die Hauptstadt Perus. Der Hafen der Stadt, Callao, war als Ausgangspunkt für eine Weiterfahrt auf dem Pazifik gedacht. Humboldts Tropenaufenthalt in Süd- und Mittelamerika sollte eine Zwischenstation für eine Reise um die gesamte Welt werden. Liest man seine Reiseberichte und Naturbilder aufmerksam, so wird man feststellen, dass er bei seinen Beschreibungen oft andere Regionen der Erde einbezieht. Und in Callao wollte Humboldt auf das Schiff des Franzosen Thomas Nicolas Baudin treffen, der im Auftrag der französischen Regierung eine Forschungsmission in der Südsee erfüllen sollte.

Humboldt und Bonpland reisten zunächst auf dem Magdalenenstrom aufwärts bis nach Honda, das etwa zweihundert

Thomas Nicolas Baudin wurde 1754 in Frankreich geboren. Er war Seefahrer und nahm als Soldat am amerikanischen Unabhängigkeitskrieg teil. Ohne ein wissenschaftliches Studium absolviert zu haben, interessierte er sich sehr für Botanik und Zoologie. Als Alexander von Humboldt 1798 in Paris eintraf, plante der französische Staat eine auf fünf Jahre angelegte Expedition um die Welt, die unter Leitung Baudins stattfinden sollte. Humboldt gewann das Vertrauen des Forschungsreisenden, der den jungen Gelehrten aus Preußen gern als wissenschaftlichen Begleiter mitgenommen hätte. Da Frankreich sich aus finanziellen Gründen von dem Projekt zurückzog, vereinbarten Humboldt und Baudin in Paris, dass beide zunächst getrennt reisen sollten. Ein Zusammentreffen war im peruanischen Callao geplant, wo Baudin den Deutschen auf die Weiterfahrt in den Pazifik und nach Asien mitnehmen wollte. Zwei Jahre später hatte Baudin jedoch den Auftrag zu einer Expedition nach Australien angenommen, sodass Humboldt vergeblich auf den Franzosen am vereinbarten Ort wartete. Baudin starb 1803 auf Mauritius an Tuberkulose.

Kilometer nordwestlich von Bogotá entfernt ist. Von dort setzten sie ihre Reise auf dem Landweg fort und gelangten am 6. Juli in die Hauptstadt des heutigen Kolumbiens. In Bogotá, das wie auch Quito im frühen 19. Jahrhundert zum spanischen Vizekönigreich Neugranada gehörte, traf Humboldt auf eine kulturell gebildete Bevölkerungsschicht, die sich für seine Naturforschungen interessierte. Hier wohnte er im Haus des spanischen Botanikers José Celestino Mútis, der bei Humboldts Eintreffen kurz vor dem Eintritt ins siebte Lebensjahrzehnt stand. Der Gelehrte gehörte einer Generation an, die sich das naturwissenschaftliche Forschungsfeld noch mühsam erkämpfen musste. Gerade aufgrund seiner Doppelqualifikation – Mútis war Mediziner und Geistlicher –, war er in Konflikt mit der katholischen Kirche geraten. Er hatte in seinem Geburtsland Spanien Medizin studiert und wurde im Alter von fünfundzwanzig Jahren, im Jahr 1757, zum Doktor der Medizin promoviert. Die Heilkunde war Ausgangspunkt für seine naturwissenschaftlichen Neigungen, ähnlich wie bei dem Schweden Carl von Linné, mit dem Mútis einen Briefwechsel führte. Neben der Astronomie und Mathematik wandte sich der in Spanien aufgewachsene Gelehrte der Botanik zu. Das Angebot, als Schiffsarzt eine Expedition nach Süd-

José Celestino Mútis, Gelehrter in Bogotá (1732–1808). Gemälde von Salvador Rizo, um 1800

amerika zu begleiten, nahm er an. Der Kontinent sollte ihn danach nicht mehr loslassen. Mútis begann nach seiner Ankunft in Bogotá im Februar 1761 die Flora und Fauna Südamerikas zu erforschen. Seinen naturwissenschaftlichen Überzeugungen blieb er treu, als er sich in den spanischen Kolonien vor der heiligen Inquisition verteidigen musste. Mútis hatte Vorlesungen gehalten, in denen er das kopernikanische Weltsystem sowie das induktive Denken in den Naturwissenschaften überzeugend dargelegt hatte. Die Aufklärung war nicht nur eine geistesgeschichtliche Strömung, die eine politische Botschaft vertrat, sondern auch das wissenschaftliche Denken erheblich beeinflusste. Nicht mehr die vorgefertigte Meinung, die Idee, bestimmte die Methodik der Naturwissenschaften, sondern der Versuch sowie die exakte Beobachtung.

Es verwundert nicht, dass der Botaniker Alexander von Humboldt in Mútis einen Gleichgesinnten traf, vor dessen Lebensleistung er großen Respekt hatte. Fast zwei Monate lang wohnte der Gelehrte aus Europa bei ihm und nutzte die

Zeit, sich mit dem Botaniker auszutauschen. Es kennzeichnet Humboldt, dass er als Gelehrter gern den Dialog mit anderen Forschern suchte. Die Vernetzung des Wissens vollzog sich bei ihm nicht nur als Grenzüberschreitung zwischen den einzelnen Disziplinen. Es ist ebenfalls ein Geflecht persönlicher Beziehungen, das im Lauf eines fast neunzig Jahre währenden Forscherlebens immer umfangreicher wird. Als Humboldt jedoch im Jahr 1804 nach Europa zurückkehrte, brach der Kontakt mit Mútis ab. Der Botaniker starb am 11. September 1808 im Alter von sechsundsiebzig Jahren. Humboldt hat diese eindrucksvolle Persönlichkeit sein ganzes Leben lang nicht vergessen.

Quito, die heutige Hauptstadt des Staates Ecuador, war eine weitere Etappe auf der Reise durch Südamerika. Dorthin brach die Reisegruppe am 8. September 1801 auf. Nicht immer verliefen Begegnungen mit anderen Forschern so harmonisch wie mit Mútis in Bogotá. In der Höhenstadt Ibarra traf Humboldt auf Francisco José de Caldas.[100] Mútis hatte diesen jungen Botaniker wärmstens empfohlen. Er war nur ein Jahr jünger als Humboldt. Der Gedanke liegt nahe, dass die beiden nahezu altersgleichen Männer sich gut verstehen würden. Aber schon das erste Zusammentreffen brachte für Caldas vermutlich eine Enttäuschung mit sich. Der von dem kolumbianischen Gelehrten als innovative Entdeckung vorgestellte Höhenmesser war Humboldt bereits bekannt. Der Schweizer Geologe und Physiker Horace Bénédict de Saussure hatte den Zusammenhang zwischen Höhe und abnehmender Siedetemperatur des Wassers erkannt und als Methode zur Höhenmessung benutzt. De Saussure hatte am 3. August 1787 den Montblanc bestiegen. Die von ihm mittels seiner Instrumente errechnete Höhe lieferte gleichzeitig den Beweis, dass der Berg die höchste Erhebung in Europa darstellte.

Caldas sollte Humboldt und Bonpland bis nach Quito begleiten. Dort pflegte der Gelehrte Beziehungen zu aristokratischen Kreisen, die sich für die Person und die Aktivitäten des Forschers aus Europa begeisterten. Zu den Anhängern Humboldts zählte die Familie des Marqués Juan Pío Aguirre y Montúfar. Insbesondere ein Sohn des Marqués, der einundzwanzigjährige Carlos Montúfar, begeisterte sich für den preußischen Gelehrten. Vielleicht sah Humboldt in dem jungen Adligen ein Spiegelbild seiner selbst, der in seiner noch gar nicht so weit zurückliegenden Jugend auf Schloss Tegel Botaniker wie den Apotheker Carl Ludwig Willdenow oder den Arzt Ernst Ludwig Heim als Vorbilder betrachtete. Er nahm den interessierten jungen Mann auf seine Exkursionen in die Umgebung von Quito mit, die er im Frühjahr 1802 unternahm. Mit dabei war auch Caldas, der sich mit allen Kräften um die Aufmerksamkeit des Forschers aus Europa bemühte. Am 16. März bestiegen Humboldt und Bonpland zusammen mit Caldas und Montúfar den Vulkan Antisana. Die Gruppe erreichte zwar nicht den knapp 5800 Meter hohen Gipfel, nutzte jedoch die Tour, um Höhenmessungen durchzuführen und Pflanzen zu sammeln.

Der Aufstieg auf den Antisana war nur der Anfang einer Reihe von Exkursionen auf die Vulkane Südamerikas. Die Begegnung mit der Bergwelt der Anden setzte bei Humboldt Überlegungen in Gang, die zu einer Revision des neptunistischen Weltbildes führten. Aus dem einstigen Neptunisten wurde ein Vulkanist. Seinem naturwissenschaftlichen Weltbild blieb er jedoch treu. An erster Stelle stand die Beobachtung sowie die Vermessung des Phänomens, danach folgte die Schlussfolgerung.

Gern hätte sich Caldas der Expedition Humboldts in Richtung Süden angeschlossen. In einem Brief an Mútis bittet der südamerikanische Forscher den Nestor der Botanik darum, sich bei Humboldt für ihn zu verwenden. Tatsächlich richtet der greise Mútis ein Schreiben an diesen, in dem er ihm vorschlägt, Caldas in sein Expeditionsteam aufzunehmen. Zu dessen Entsetzen lehnte Humboldt ab, er entschied sich für Carlos Montúfar. Diese Zurücksetzung konnte der temperamentvolle Botaniker nicht verkraften. Seine Einstellung zu Humboldt verkehrte sich ins Gegenteil.[101] In einem Brief an Mútis denunzierte er Humboldt, indem er ihm unterstellte, dass er in Quito Freundschaft mit ausschweifenden, obszönen jungen

Männern schließe. Damit war zweifellos Montúfar gemeint. Humboldt ließ sich jedoch davon nicht beeindrucken, und so war es auch Marqués Carlos y Montúfar, der ihn und Bonpland am 23. Juni 1802 auf den Chimborazo begleiten durfte.

Der Aufstieg auf den damals als höchster Berg der Erde geltenden Vulkan war ein gewagtes Unterfangen. Humboldt stellte einen Höhenrekord auf. Er überbot die Leistung des Europäers de Saussure, der mit der Besteigung des Montblanc, des höchsten Berges in den Alpen, «nur» eine Höhe von etwas mehr als 4800 Metern erreicht hatte. Zwar mussten Humboldt und seine Begleiter etwa vierhundert Meter unterhalb des Gipfels umkehren. Der Höhenrekord von etwa 5800 Metern, den die Forschergruppe aufgestellt hatte, wurde aber lange Zeit nicht überboten.

In einem Brief an seinen Bruder Wilhelm heroisierte Humboldt keineswegs die gefährliche Unternehmung: *Wir blieben folglich allein, Bonpland, Carlos Montúfar, ich und einer meiner Bediensteten, der einen Teil meiner Instrumente trug; gleichwohl hätten wir unseren Weg bis auf die Spitze fortgesetzt, hätte uns nicht eine Spalte daran gehindert, die zu tief war, um sie überwinden zu können: Wir taten daher gut daran, wieder abzusteigen. Auf unserem Rückweg fiel soviel Schnee, daß wir Mühe hatten, uns zu orientieren. Wenig geschützt vor der in diesen Höhen schneidenden Kälte, litten wir schrecklich, und ich hatte meinerseits dazu die Unannehmlichkeit, von einem Sturz wenige Tage zuvor einen wunden Fuß zu haben; [...]. Der kurze Aufenthalt in der ungeheuren Höhe, zu der wir aufgestiegen sind, war höchst trist und furchterregend; wir waren von einem Nebel umhüllt, der uns nur von Zeit zu Zeit die fürchterlichen Abgründe erahnen ließ, die uns umgaben.* [102]

Der von der Unternehmung auf den Vulkan Chimborazo ausgeschlossene Caldas sollte ein tragisches Ende finden. Er war nicht nur Botaniker, sondern auch ein politisch aktiver Jurist, der eine Wochenzeitung herausgegeben und sich der Unabhängigkeitsbewegung angeschlossen hatte. Im Jahr 1816 wurde er von den Spaniern gefangen genommen und zum Tode verurteilt. Heute noch wird er in Kolumbien als nationaler Märtyrer verehrt.

Alexander von Humboldt setzte seine Reise in Richtung Peru fort und erreichte die Stadt Lima am 22. Oktober 1802. Im Hafen von Callao wollte er sich der Expedition von Thomas Nicolas Baudin anschließen, um seine Reise auf dem Pazifik fortzusetzen. Der Franzose war zu diesem Zeitpunkt aber bereits in Australien. Humboldt musste seine Pläne ändern. Eine Reise um die Welt wäre sein großer Traum gewesen. Übrig blieb eine durch Süd- und Mittelamerika. Der Naturforscher hatte zwar genügend Material gesammelt, dessen Auswertung ein Forscherleben ausfüllen sollte. Doch Asien hatte lange auf der Prioritätenliste Humboldts gestanden, nun aber konnte der Besuch dieses Kontinents nicht in der von ihm vorgesehenen Weise durchgeführt werden. Es blieb daher nichts anderes übrig, als Südamerika in Richtung Norden zu verlassen. Vielleicht entschädigte diese Schiffsfahrt den Gelehrten für die verpasste Weltreise. Während der Passage, die am 5. Dezember 1802 in Callao begann und am 3. Januar 1803 in Guayaquil, im heutigen Ecuador, endete, führte er in gewohnter Weise Temperaturmessungen im Pazifischen Ozean durch. Dabei entdeckte er eine Meeresströmung, die um sieben bis acht Grad kälter war als auf dem freien Meer. Die Strömung hatte ihren Ursprung vermutlich am Südpol und floss von Süden nach Norden. Humboldt ahnte in diesem Augenblick nicht, dass sein Name Pate für eine Meeresströmung werden sollte. Er hatte bei dieser kurzen Überfahrt, die so nicht geplant war, den Humboldtstrom entdeckt.

Der Aufenthalt in Guayaquil war nur eine Zwischenstation, bevor sich die Gruppe einem neuen Ziel zuwandte. Am 22. März landeten Humboldt und Bonpland im mexikanischen Acapulco, das sie nach fünfwöchiger Seefahrt erreichten. Die Begegnung mit Mexiko brachte den Preußen nicht nur mit der Geologie, Flora und Fauna des Landes in Berührung, sondern lenkte den Blickwinkel des Universalgelehrten auf eine jahrtausendealte Kultur, die seiner Meinung nach der antiken Mittelmeerwelt in nichts nachstand.

Die Hauptstadt war der Lebensmittelpunkt der beiden Forscher während ihres Mexikoaufenthalts. Sie blieben vom

Frau mit Schlange als Mutter des Menschengeschlechts. Darstellung aus einem mexikanischen Ritualbuch, dem «Codex Mexicanus», die Humboldt in seine «Vues des Cordillères», 1810–13, als Tafel XXXVII, Bild I aufgenommen hat

11. April 1803 an fast neun Monate in Mexiko-Stadt. Ähnlich wie bei dem noch folgenden Abstecher nach Kuba beschränkten sie sich darauf, die politischen sowie wirtschaftlichen Verhältnisse der Kolonie zu untersuchen. Auch die Geschichte der Azteken sowie die Eroberung Mexikos durch die Spanier im 16. Jahrhundert interessierten Alexander von Humboldt sehr. Der preußische Gelehrte verdient daher nicht nur das Prädikat «Naturforscher», sondern auf gleiche Weise den Titel «Kulturforscher».

Das Phänomen des Kulturtransfers, das in globalisierten Zeiten Gegenstand von Forschungen und Veröffentlichungen ist, konnte er schon bei der Beschäftigung mit der Geschichte Mexikos studieren: *Die Amerikaner hängen wie die Bewohner vom Hindostan [indischer Subkontinent] und alle anderen Völker, die lange unter bürgerlichem und religiösem Despotismus geschmachtet haben, mit außerordentlicher Hartnäckigkeit an ihren Gewohnheiten, Sitten und Meinungen; denn die Einführung des Christentums hat*

auf die Eingeborenen von Mexico fast keine andere Wirkung getan,
als daß sie an die Stelle der Zeremonien eines blutigen Kultus neue
Zeremonien und Symbole einer sanften, menschlichen Religion setzte.
Dieser Übergang vom alten zum neuen Brauch war das Werk des
Zwangs und nicht der Überzeugung und wurde durch die politischen
Ereignisse herbeigeführt. Im Neuen Kontinent wie im Alten waren
die halbbarbarischen Völker gewohnt, aus den Händen des Siegers
neue Gesetze und neue Gottheiten zu erhalten, und die Urgötter des
Landes schienen nach ihrer Besiegung nur den fremden Göttern zu
weichen. […] Die Ritualbücher, welche die Indianer zu Anfang der
Eroberung in hieroglyphischen Charaktern entwarfen und von de-
nen ich einige Bruchstücke besitze, beweisen offenbar, wie das Chris-
tentum um diese Zeit mit der mexicanischen Mythologie vermischt
wurde; indem z. B. der Heilige Geist sich mit dem heiligen Adler der
Azteken identifizierte. Die Missionare duldeten diese Vermischung
von Ideen, wodurch der christliche Kultus viel leichter bei den Einge-
borenen Zugang fand […].[103]

Das *Mexico-Werk*[104] entstand in französischer Sprache
fünf Jahre nach Humboldts Rückkehr aus der Neuen Welt. Es
enthält eine Bestandsaufnahme zur Landeskunde und widmet
sich auf gleicher Weise der Geschichte Mexikos. Der Forscher
verschweigt nicht, dass die ursprüngliche Aztekenkultur sehr
grausame Riten kannte. Die halbbarbarischen Völker, zu denen
er die Einwohner Mexikos zählt, waren es gewohnt, bei einer
Eroberung ihres Landes nicht nur administrativ, sondern auch
religiös von anderen Völkern beherrscht zu werden. Die christliche Missionierung geschah in den Augen Humboldts unter
Zwang. Triebkraft für die Bekehrung der Eingeborenen war
eine Verbindung von Politik und Religion. Hinter dem Mis-
sionsauftrag der Spanier verbargen sich materielle Interessen
an den kulturellen und wirtschaftlichen Schätzen des Landes.

Darüber hinaus beschäftigte sich Humboldt mit den sym-
bolischen Formen der einzelnen Kulte, indem er Analogien
zwischen der abendländischen Taube sowie dem Adler der
Azteken als neues Zeichen des *Heiligen Geistes* erkannte. Der
Universalgelehrte öffnete sich in seinem *Mexico-Werk* einer
vergleichenden Betrachtung der Kulturen auf der Welt, welche

ohne Engstirnigkeit und ideologischen Ballast ethnologische Studien anstellt. Mit seinen geographischen Abhandlungen war Alexander von Humboldt seiner Zeit weit voraus.

Die Forschungsreisenden verbrachten den Jahreswechsel 1803/04 in Mexiko. Am 7. März verließen Humboldt und Bonpland das Land und nahmen von Veracruz aus Kurs auf Kuba. Dort blieben sie nur wenige Wochen, um sich danach ihrer letzten Reiseetappe zuzuwenden: den Vereinigten Staaten von Amerika. Präsident der USA war damals Thomas Jefferson. Gleich nach seinem ersten Wahlsieg im Jahr 1800 hatte er zu äußerst günstigen Bedingungen die französische Kolonie Louisiana gekauft. Diese nahm eine wesentlich größere Fläche ein als der heutige gleichnamige Bundesstaat, knapp ein Drittel mehr. Um das Land zu erkunden, hatte Jefferson eine Forschergruppe beauftragt, die Erkenntnisse zur Botanik, Tierwelt und Geographie des neuen Gebiets gewinnen sollte. Die Expedition war im Frühjahr 1804 aufgebrochen, fast genau zu dem Zeitpunkt, als Humboldt und Bonpland in den Vereinigten Staaten eintrafen. Sie erreichten Philadelphia am 20. Mai 1804, und in der Zeit vom 1. bis 13. Juni hielten sie sich in Washington auf. In diesen Tagen erfolgten mehrere Treffen mit dem amerikanischen Präsidenten. Im Hinblick auf die vor kurzem ins Leben gerufene Forschungsmission ins damalige Louisiana interessierte sich Jefferson brennend für einen Naturforscher aus Europa, der gerade weite Teile Südamerikas, Kubas und Mexikos bereist hatte. Darüber hinaus harmonierten Präsident und Forscher in politischen Fragen. Jefferson war ein Liberaler, der sich für die Abschaffung der Todesstrafe und der Sklaverei einsetzte.[105]

Der Besuch in Washington war zweifellos ein Höhepunkt, stellte jedoch gleichzeitig den Schlusspunkt einer langen Forschungsreise dar. Am 9. Juli 1804 passierten Humboldt und Bonpland die Mündung des Flusses Delaware. Es ging über den Atlantischen Ozean, und am 1. August landeten die beiden Männer in Bordeaux. Die wissenschaftliche Auswertung der Forschungsreise sollte Humboldts weiteres Leben in Europa maßgeblich bestimmen.

Im Dialog mit Goethe

Alexander von Humboldt war guter Stimmung. Er blickte im April des Jahres 1807 aus dem Fenster eines Gartenhauses in der Berliner Friedrichstraße in das zarte Grün des sich ankündigenden Frühjahrs. Seit fast drei Jahren war er wieder in Europa. Gleich nach seiner Ankunft in Bordeaux bezog er zunächst in Paris seinen Wohnsitz. An das Zusammentreffen mit Napoleon in dieser Stadt hatte er sehr unglückliche Erinnerungen. Der arrogante Blick des Korsen sowie seine abfällige Bemerkung über eine Beschäftigung mit der Botanik hatten sich tief in seine Erinnerung eingeprägt. Nun war er seit fast eineinhalb Jahren wieder in Berlin. Der Feldherr hatte inzwischen in der Schlacht bei Jena und Auerstedt am 14. Oktober 1806 Preußen eine verheerende Niederlage zugefügt. Die Nation lag am Boden, und Humboldt sah seine Aufgabe darin, den Menschen wieder Selbstbewusstsein zu geben.

Zu Beginn des Jahres 1807 hatte er einen fulminanten Vortrag an der Berliner Akademie über die von ihm besuchten Wüsten und Steppen gehalten. Der Beitrag war auf große Resonanz gestoßen. Der erste Teil seines Reisewerks, die Studie über die Pflanzengeographie[106], war gerade fertig geworden. Humboldt hatte an seinen Freund Goethe eine Vorausgabe geschickt und sie mit einem Kupferstich des mit ihm befreundeten dänischen Bildhauers Bertel Thorvaldsen versehen lassen. Er zeigt eine ephesische Diana, eine Fruchtbarkeitsgöttin, welche die Mutter Natur symbolisiert. Neben Diana steht der Gott Apollon, der den Schleier der Göttin hebt und damit ihre Geheimnisse entzaubert. Der Gott des Lichts und der schönen Künste stellte in den Augen Humboldts niemand anders als Goethe dar. Auf der Widmungsplakette findet sich ein Hinweis auf dessen Werk «Metamorphose der Pflanzen».[107] Humboldt wollte Goethe seine Ehrerbietung erweisen, dass ihm mit dem

Apollon lüftet den Schleier der ephesischen Diana. Widmungs-
tafel zu Humboldts «Ideen zu einer Geographie der Pflanzen».
Kupferstich von Raphael Urbain Massard nach einer Zeichnung
von Bertel Thorvaldsen, 1805

Werk ein Meilenstein in der botanischen Wissenschaft gelungen war. Diese Geste wird aus heutiger Sicht keinesfalls nur als
Höflichkeitsbezeugung an den großen Weimarer Dichter und
Gelehrten betrachtet.[108] Vielmehr geht man davon aus, dass
sich hinter der Darstellung von der Entzauberung der Natur
eine Anspielung auf die neue Mythologie und Naturphiloso-
phie der Romantiker verbarg.

Während Humboldt an seinem Schreibtisch Platz nahm,
um ein Schreiben der Schwedischen Akademie der Wissenschaften zu beantworten, händigte ihm ein Diener einen Brief
aus. Humboldt nahm ihn voller Freude entgegen. Er hatte sofort das Siegel und die Handschrift Goethes erkannt. Wie war
die Reaktion des Weimarer Gelehrten auf sein pflanzengeo-

graphisches Werk ausgefallen? Warum hatte er sich mit der Antwort so lange Zeit gelassen? Fühlte Goethe sich von dem möglichen Vorwurf getroffen, die Natur weniger mit dem Verstand, sondern eher im Geist einer romantischen Sehnsucht wahrzunehmen?

Der Brief war ziemlich dick. Humboldt konnte seine Neugier kaum bezähmen. In ihm fand er neben dem Schreiben eine Zeichnung, die der Geheimrat persönlich angefertigt hatte. Sie zeigte einen Querschnitt der Erde, auf dem links die Alte Welt (Europa) und rechts die Neue Welt (Amerika) zu sehen war. Goethe hatte für jeden Kontinent exemplarisch zwei Gebirgsregionen dargestellt, links die Alpen mit dem Montblanc als höchstem Berg sowie dessen Bezwinger, den Schweizer de Saussure. Auf der rechten Seite waren die Anden mit ihren Klimazonen zu erkennen. Unterhalb der höchsten Erhebung, auf einer Höhe von etwa 3100 Toisen (etwa 6000 Meter), hatte er Humboldt als kleines Männchen eingezeichnet, das dem Montblanc-Bezwinger auf der linken Seite zuwinkt. Rechts am unteren Bildrand machte er ein kleines Krokodil aus, das auf den Widmungsstein in der Mitte des Bildes blickte. Dort stand geschrieben: «Herrn Alexander v. Humboldt».[109] Der preußische Naturforscher fand schnell die passenden Zeilen dazu in Goethes Brief: «Ich habe den Band schon mehrmals […] durchgelesen, und sogleich in Ermangelung des versprochenen großen Durchschnitts, selbst eine Landschaft phantasiert, wo nach einer an der Seite aufgetragenen Skala von 4000 Toisen die Höhen der europäischen und amerikanischen Berge gegen einander gestellt sind.» Er las weiter: «Ich sende eine Kopie dieses halb im Scherz, halb im Ernst versuchten Entwurfs und bitte Sie, mit der Feder und mit Deckfarben nach Belieben hinein zu korrigieren, auch an der Seite etwa Bemerkungen zu machen und mir das Blatt baldmöglichst zurückzusenden.»[110]

Humboldt war ein wenig enttäuscht, obwohl der Rest des Briefes viele Respektbezeugungen des Geheimrats aus Weimar enthielt. Doch was sollte diese alberne Zeichnung? Humboldt verglich die Höhenangaben und entdeckte sofort die ersten Ungenauigkeiten. Und was hatte es mit diesem albernen Kro-

Vergleich zwischen den Gebirgen Europas und Südamerikas (restaurierte Fassung). Diese aquarellierte Zeichnung einer «idealen Landschaft» wurde von Goethe persönlich für Humboldts Reisewerk im Jahr 1807 angefertigt. Die im Brief erwähnte Kopie trägt die Widmung «Herrn Alexander v. Humboldt» auf dem Stein am unteren Bildrand.

kodil auf sich? Welche Mühe hatte er sich gegeben, um seinem Freund Goethe ein Exemplar des Werkes über die Pflanzengeographie mit einer eigenen Widmungsplakette zukommen zu lassen. Der Kupferstich mit Diana und Apollon stammte immerhin von einem bedeutenden Künstler! Das war also die

Antwort Goethes. Humboldt war verärgert, aber auch doch ein wenig amüsiert. Über das Krokodil musste er schmunzeln. Er sann auf Revanche, während er die falschen Höhenangaben in Goethes Zeichnung korrigierte.

Die Beziehung zwischen Goethe und Humboldt schien

nach der Rückkehr des Forschers aus den Tropen anders zu verlaufen als in der Zeit der neunziger Jahre. Damals war Alexander das Alter Ego seines Bruders Wilhelm, der ihn in die Weimarer Kreise eingeführt hatte. Nach seinem Aufenthalt in der Neuen Welt hatte der preußische Wissenschaftler an Selbstbewusstsein gewonnen. Aber betrachtete er die Naturforschungen Goethes tatsächlich so kritisch, wie es ihm aus heutiger Perspektive bisweilen unterstellt wird? Doch bei allen Differenzen entstanden bei beiden Gelehrten keine tiefgreifenden Verletzungen. So besuchte Alexander von Humboldt Goethe noch am 26. und 27. Januar 1831. Zu diesem Zeitpunkt war der Geheimrat ein Mann von über achtzig Jahren, der ein Jahr später sterben sollte.

Nach seiner Rückkehr aus den Tropen hatte Humboldt seinen vorläufigen Wohnsitz in der französischen Hauptstadt, im Faubourg Saint-Germain. Paris bot dem Naturforscher ein ideales Arbeitsumfeld für seine wissenschaftlichen Ambitionen. Die französische Gelehrtenwelt lud ihn im Sommer und Herbst des Jahres 1804 zu Vorträgen ein, in denen er über seine Reise berichtete. Und keinesfalls vernachlässigte er seine Forschungsgebiete, die ihn vor dem Aufenthalt in der Neuen Welt fasziniert hatten. So führte er etwa mit dem französischen Chemiker und Physiker Joseph Louis Gay-Lussac chemische Analysen der Luft durch.

Im Frühjahr 1805 brach er mit Gay-Lussac und dem Geographen Franz August O'Etzel nach Italien auf, um seinen Bruder Wilhelm zu besuchen. Dieser hatte inzwischen Karriere im diplomatischen Dienst gemacht und bekleidete in Rom die Position des preußischen Gesandten beim Heiligen Stuhl.[III]

Die Welt der Vulkane, die Alexander von Humboldt in den Anden erforscht hatte, ließ ihn in Italien nicht mehr los. Nachdem er seinen Besuch bei Wilhelm in Rom beendet hatte, brach er mit der Reisegruppe, zu der sich auch der Geograph Leopold von Buch gesellt hatte, in Richtung Süditalien auf. Humboldt interessierte sich besonders für die vulkanischen Erscheinungen auf der Apenninischen Halbinsel und bestieg

Ende Juli 1805 den Vesuv. Er hatte das Glück, dessen Ausbruch zwischen dem 12. und 13. August 1805 zu beobachten. Nach Ischia, wohin die Gruppe ihre Reise fortsetzte, konnte Humboldt seine Gefährten nicht begleiten. Während er die gefährliche Fahrt auf dem Orinoco sowie die Besteigung der Andengebirge bei guter Gesundheit gemeistert hatte, wurde er in Italien krank. Aber war er wirklich organisch krank? Oder war er nach der Tropenreise auf der Suche nach einer neuen Identität?

Im Februar desselben Jahres war er Mitglied der Akademie der Wissenschaften in Berlin geworden. Die von Humboldt nicht besonders geschätzte Universität in Frankfurt an der Oder, an der er mit Wilhelm nur ein Semester studiert hatte, promovierte ihn in Abwesenheit zum Doktor der Philosophie, als er gerade den Vesuv bestieg. Es war klar: Einem Besuch in Preußen konnte sich der Gelehrte anscheinend nicht mehr entziehen, und so trat er von Italien aus seine Rückkehr über Süddeutschland an und erreichte nach neunjähriger Abwesenheit am 16. November 1805 Berlin. Der preußische Staat nahm den inzwischen europaweit geschätzten Gelehrten gern auf und stattete ihn mit Titeln und Pensionen aus. So erhielt er durch Kabinettsorder eine jährliche Pension von 2500 Talern. Zu diesem Zeitpunkt war er auf staatliche Zuwendung noch nicht angewiesen; da er aber in den nächsten Jahren sein Erbe für die Herausgabe der Bücher und die persönlichen Lebenshaltungskosten weiter verbrauchte, war er auf die Pension im

Der Chemiker Joseph Louis Gay-Lussac, geboren 1778 in Zentralfrankreich, war ein sehr guter Freund Alexander von Humboldts. Gay-Lussac beschäftigte sich mit der Zusammensetzung von Gasen und deren Verhalten bei Änderung von Druck und Temperatur. Er nahm 1804 an zwei Ballonfahrten teil, auf denen er auf der ersten Fahrt eine Höhe von 4000 Metern, auf der zweiten sogar eine von 7000 Metern erreichte. Im selben Jahr führten Humboldt und Gay-Lussac chemische Luftanalysen durch; die Proben stammten von den Ballonfahrten. Gay-Lussac beschäftigte sich mit qualitativen Aspekten der Chemie und führte die Maßanalyse ein, mit der man die Konzentration einer Substanz in einer Lösung berechnen konnte. Er verstarb 1850. In Erinnerung an die beiden Gelehrten wird heute noch der Gay-Lussac-Humboldt-Preis an herausragende Wissenschaftler aus Deutschland und Frankreich vergeben.

Lauf seines Lebens immer mehr angewiesen. Schließlich wurde Alexander von Humboldt eineinhalb Monate nach seiner Ankunft im Dezember 1805 zum preußischen Kammerherrn ernannt.

Am 30. Januar 1806 hielt Humboldt seinen ersten Vortrag in der Akademie der Wissenschaften. Er sprach über die Physiognomik der Pflanzen. Die Idee zu einer Klassifizierung der Gewächse nach ästhetischen Merkmalen, abweichend von der Linné'schen Systematik, war angesichts der mannigfaltigen Tropenflora entstanden. Schon einen Monat nach diesem öffentlichen Vortrag schickte Alexander eine gedruckte Fassung an Goethe: *[…] ich muß jetzt mein Geheimnis selbst verraten, weil eine Charakterschwäche mich anreizt, Ihnen meine kleine Abhandlung über Physiognomik der Gewächse so früh als möglich zu übersenden. Es ist ein roher Versuch, physikalische und botanische Gegenstände ästhetisch zu behandeln. […] seit so vielen Jahren ein wüstes Leben führend, bin ich in der Sprache selten sicher. Auch ist der Boden, auf dem man in Deutschland tritt, sehr glatt geworden und das macht schüchtern und ungeschickt. […] Ich führe hier ein abscheuliches Leben; die Stimmung der Menschen, d. h. ihre empörende Oberflächlichkeit ist ärger als die Pflanzenöde und der blecherne graue Himmel. […] Meine Gesundheit leidet ohnedies von dem Europäischen Klima und es ist mir hier fürchterlich eng und tot.*[112]

Alexander von Humboldt tat sich nach der Rückkehr aus der Neuen Welt zunächst sehr schwer, in Europa wieder Fuß zu fassen. Er hatte anscheinend Probleme, sich zu akklimatisieren. Dabei ging es nicht nur um das Wetter, sondern auch um die geistig-politische Stimmung. Die von ihm favorisierten Ideale der Französischen Revolution drohten umzuschlagen. Napoleon war auf dem besten Weg, ganz Europa mit militärischer Gewalt zu beherrschen. Die Bürger hatten wenig Interesse an wissenschaftlichen Themen, weshalb Humboldt in seinem Brief an Goethe von einer *empörenden Oberflächlichkeit* in der Bevölkerung sprach.

Der Geheimrat rezensierte eine schriftliche Fassung des am 30. Januar 1806 gehaltenen Vortrags über die *Ideen zu einer Physiognomik der Gewächse*[113] in der «Jenaischen Allgemeinen

Literaturzeitung» und zog eine überaus positive Bilanz der Tropenreise. Er verglich die Gedanken von Humboldt mit der «erste[n] Gabe, in einem kleinen Gefäß sehr köstliche[r] Früchte»[114]. Goethe lobte die Konzeption der Schrift und hob vor allem die komprimierte Darstellung der von Humboldt beschriebenen Pflanzengestalten hervor. Dem Dichter zufolge erzeugt die Lektüre der *Ideen zu einer Physiognomik der Gewächse* beim Leser ein erhabenes Gefühl: «[…] alles das Beste und Schönste, was man von Vegetation jemals unter freiem und schönem Himmel gesehen, wird wieder in der Seele lebendig, und die Einbildungskraft geschickt gemacht […] sich auf das kräftigste und erfreulichste zu vergegenwärtigen.»[115]

Mit der Besprechung spielte Goethe auf eine Absicht Humboldts an, die dem Verfasser des Vortrags eine Herzensangelegenheit war: Den Lesern beziehungsweise Hörern wollte der Naturforscher mit den Landschaftsbildern über die bedrängte politische Lage im Europa Napoleons hinweghelfen. Die Lektüre sollte nicht nur Selbstzweck sein, sondern hatte fast schon eine therapeutische Aufgabe. Das hieß: Die Einbildungskraft sollte den Leser (Hörer) auf eine Seelenreise in eine Welt mitnehmen, die ihn *herausrettet aus der stürmischen Lebenswelle […] in das Dickicht der Wälder, durch die unabsehbare Steppe und auf den hohen Rücken der Andenkette*[116]. Die Natur ist nicht mehr nur Erkundungsraum des Forschers, sondern gleichzeitig Aufenthaltsort des ruhesuchenden Lesers (Hörers). Unter diesen Gesichtspunkten gab der preußische Gelehrte 1808 auch die *Ansichten der Natur* heraus. Dieses Werk beruhte ebenfalls auf Vorträgen, die er an der Berliner Akademie gehalten hatte, wie beispielsweise *über die Wüsten*[117] Südamerikas. Humboldt hatte darüber am 29. Januar 1807 referiert.

Inzwischen hatte sich die Lage nach der Schlacht bei Jena und Auerstedt weiter verschärft. Das Anliegen des Naturforschers, mit diesem Vortragswerk *bedrängten Gemütern*[118] einen imaginären Rückzugsraum zu bieten, gewann daher mit seiner Herausgabe eine noch größere Bedeutung.

Das große, bebilderte Reisewerk ließ jedoch noch auf sich warten. Humboldt hatte stattdessen eine weitere wissenschaft-

Das «Naturgemäldeprofil» im amerikanischen Reisewerk Alexander von Humboldts. Mit der Verbindung von malerischer Darstellung, Höhenangaben sowie naturwissenschaftlichen Beobachtungen begründete

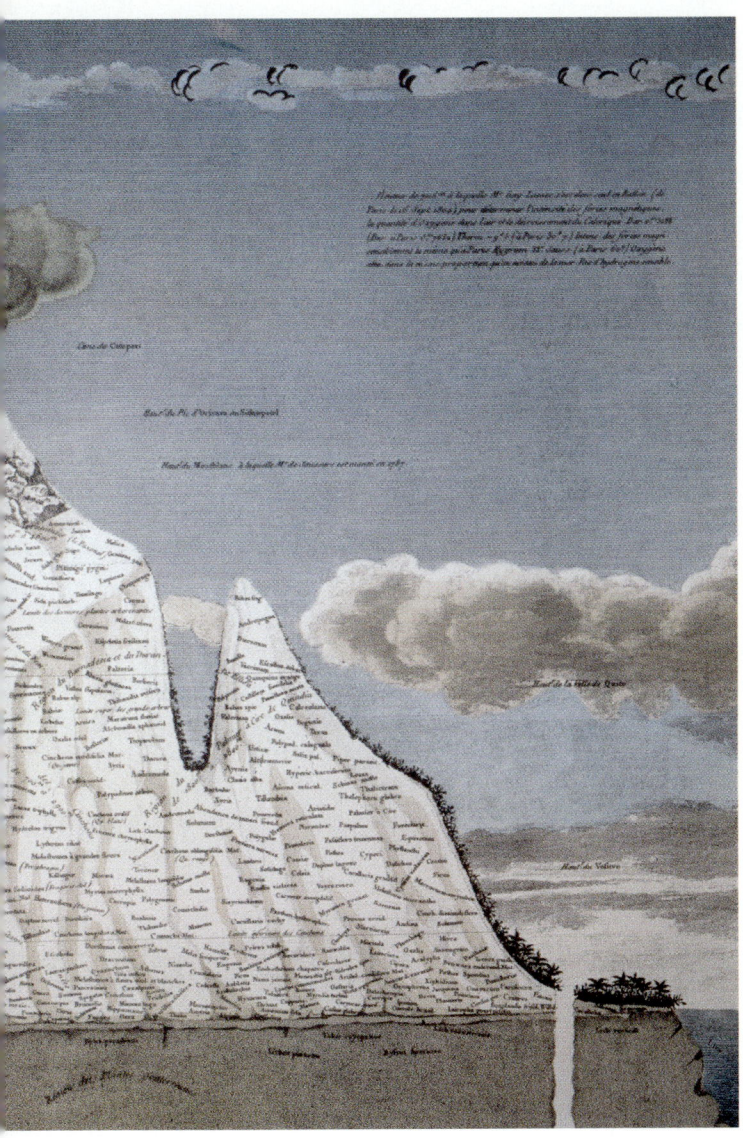

der Gelehrte die Pflanzengeographie. Kolorierter Kupferstich von Louis Bouquet, 1807, nach einer auf einer Skizze Humboldts beruhenden Zeichnung von Lorenz Schönberger und Pierre Turpin

Die Profiltafel ist eine bildliche Darstellung des Gebirgsmassivs der Anden, das mit wissenschaftlichen Skalen versehen ist. Dieses Bild fügte Humboldt dem ersten Band seiner «Ideen zu einer Geographie der Pflanzen nebst einem Naturgemälde der Tropenländer» bei. Der Ausdruck «Profiltafel» stammt von dem Humboldtforscher Hanno Beck, der das Anden-Gemälde sowie die auf dem Bild zu sehenden wissenschaftlichen Angaben eingehend untersuchte. Neben dem Cotopaxi und dem Chimborazo sind von Humboldt unter anderem folgende Parameter verzeichnet: Höhenangaben in Toisen, Tiere nach der Höhe ihres Standorts, Siedehitze des Wassers nach Höhe und Luftdruck. Die beobachteten Pflanzen hat der Naturforscher namentlich in die Darstellung der beiden Berge eingetragen. Die Profiltafel zeigt die für Humboldt typische Verbindung von Naturästhetik und wissenschaftlicher Präzision in einem Bild.

liche Abhandlung verfasst: *Ideen zu einer Geographie der Pflanzen nebst einem Naturgemälde der Tropenländer* [119]. In diesem Werk beschäftigte sich Humboldt ausführlicher mit der Pflanzenphysiognomik, indem er ein Modell entwickelte, das den zentralen geographischen Regionen auf der Welt die charakteristischen Pflanzengesellschaften zuordnet.[120] Herzstück dieser Schrift ist ein gezeichneter Querschnitt des Gebirgsmassivs der Anden, der mit einer Messskala versehen ist. Diese Profiltafel zeigt Humboldts rationale wie auch emotionale Wahrnehmung der Tropen.

Seine Tätigkeit bestand in den Jahren zwischen 1806 und 1807 jedoch keineswegs nur darin, öffentliche Vorträge in der Berliner Akademie zu halten. Der preußische Staat wusste die diplomatischen sowie kommunikativen Fähigkeiten des geachteten Naturforschers zu schätzen. Ein Jahr nach der vernichtenden Niederlage Preußens bei Jena und Auerstedt wurde er von dem preußischen Beamten und Reformer Heinrich Friedrich Karl Reichsfreiherr vom und zum Stein mit einer politischen Mission beauftragt. Er sollte zusammen mit dem Prinzen Wilhelm, dem jüngsten Bruder des Königs Friedrich Wilhelm III., Verbindungen zu Frankreich aufnehmen und die Beziehungen zu diesem Land neu organisieren. Aus diesem Grund verließ Humboldt am 13. November 1807 Berlin und begab sich nach Paris. Prinz Wilhelm folgte ihm dorthin im Januar 1808.

In der französischen Metropole traf Humboldt eine Entscheidung, die sein Leben für knapp zwanzig Jahre bestimmen sollte: Er kehrte nicht nach Berlin zurück, sondern wählte die Stadt Paris als seinen festen Wohnsitz. Bald stand er im vierzigsten Lebensjahr, und er verfolgte zwei Ziele: Zum einen ging es ihm um die Herausgabe seines Reisewerks, dessen Vollendung ihn einige Jahrzehnte in Anspruch nehmen sollte. Zum anderen plante er eine zweite Expedition, die ihn nach Asien führen sollte. Für beide Pläne bot Paris in seinen Augen ein besseres wissenschaftliches Umfeld als Berlin.

Die kommenden Jahre verliefen für den Naturforscher nicht sehr spektakulär. Sie bestanden aus einer mühsamen Aufarbeitung seiner Forschungsreise, deren Ergebnisse durch die aufstrebenden Naturwissenschaften überholt zu werden drohten. Einzige Höhepunkte waren kleinere Reisen in europäische Städte und Regionen. Weiterhin baute er in dieser Pariser Zeit sein Netzwerk aus. Zu dem ausgewählten Kreis zählte der Chemiker Gay-Lussac, der französische Physiker François Arago, aber auch sein früherer Reisebegleiter Aimé Bonpland.

Da er keine Familie hatte, widmete sich Humboldt ganz der Forschung. Er drohte jedoch daran zu scheitern, was er noch als primär in den *Ansichten der Natur* formuliert hatte, nämlich einen *Überblick der Natur im Großen*[121] zu geben. Erst im Alter konnte der Gelehrte seinen niemals aufgegebenen Anspruch auf eine ganzheitliche wissenschaftliche Darstellung wieder erreichen.

Der 1786 bei Perpignan geborene Physiker François Arago zählte neben Bonpland und Gay-Lussac zu den engsten Freunden Humboldts. Humboldt und Arago lernten sich 1809 in Paris kennen. Der Universalgelehrte interessierte sich vor allem für die Versuche des Physikers mit polarisiertem Licht, das nur eine bestimmte Wellenlänge besitzt. Arago wird 1830 zum Direktor der Pariser Sternwarte ernannt. Als Humboldt im Alter von sechsundsiebzig Jahren von Berlin aus nach Paris reist, hört er mit Interesse dessen physikalische und astronomische Vorlesungen. Das Verhältnis der beiden Gelehrten ist so vertrauensvoll, dass Humboldt die Einleitung zur Werkausgabe des französischen Wissenschaftlers im Dezember 1853 schrieb. Arago war zu diesem Zeitpunkt schon seit mehr als drei Monaten tot.

Gelehrter in
vielfältiger Mission

Ein nasskalter Tag im beginnenden Frühjahr 1828, ein Wetter, bei dem man lieber zu Hause blieb. Doch Hunderte von Menschen strömten in Richtung Singakademie zu einer Vorlesungsreihe eines Mannes, der schon seit dem Dezember des vorangegangenen Jahres die Einwohner Berlins fesselte. Lange hatte er in Paris gewohnt, jetzt war er wieder in seiner Geburtsstadt sesshaft geworden: der große Gelehrte Alexander von Humboldt. Seine Reisebeschreibungen *Ansichten der Natur* hatten viele seiner Hörer verschlungen. Eine zweite Auflage war vor nicht langer Zeit wieder mit Erfolg erschienen. Das Werk war nicht nur in Gelehrtenkreisen verbreitet, weshalb auch viele Bürger, Kaufleute und vor allem Frauen darauf warteten, den Autor, den Weitgereisten, mit eigenen Augen zu sehen. Selbst sein Freund Goethe hatte ihm in dem Roman «Die Wahlverwandtschaften» ein Denkmal gesetzt. Die Protagonistin Ottilie ließ er die Worte sagen: «Wie gerne möchte ich nur einmal Humboldten erzählen hören.»[122]

Obwohl der größte in Berlin verfügbare Raum mit fast achthundert Personen gefüllt war, herrschte in diesem eine Ruhe, wenn auch eine angespannte, als der Gelehrte den Vortragssaal betrat. Humboldt war inzwischen fast sechzig Jahre alt. Die grauen Haare sowie die leicht gebückte Gestalt bildeten einen Gegensatz zu dem hellwachen Blick, mit dem Humboldt zufrieden auf die Reihen der Hörer blickte. Wissenschaft für alle, das war sein Ziel, und er hatte es erreicht.

Der Preuße war an diesem Abend besonders gut gelaunt. Der Grund: Er war gerade dabei, den Vorschlag einer Forschungsreise nach Russland anzunehmen. Der russische Finanzminister, Georg Graf von Cancrin, hatte dem Gelehrten eine Expedition in den europäischen sowie asiatischen Teil

Russlands vorgeschlagen. Nie war es Humboldt in den Sinn gekommen, seinen Traum von einer Expedition nach Asien ganz aufzugeben. Er befand sich jedoch nicht mehr in der bequemen Situation von 1799, als er kurz davor war, seine Tropenreise zu starten. Ein Großteil seines Vermögens war inzwischen aufgebraucht. Das Leben in Paris konnte nur als kostspielig bezeichnet werden, darüber hinaus hatte die Herausgabe seiner Bücher Unsummen von Geld verschlungen. Doch jetzt schien sich alles wieder zum Besseren zu wenden.

Das Interesse seiner Hörer beflügelte den Forscher. Er war auf dem Weg, wieder das große Ganze darzustellen. Die Idee des Kosmos-Modells hatte er schon lange in sich getragen. Darin sollten sich alle Wissensgebiete miteinander verbinden und eine Einheit bilden. Zu den Bereichen zählten die Himmelskunde, die Astronomie sowie die tellurischen

Die Berliner Singakademie, Ort der «Kosmos-Vorlesungen» 1827/28. Stich aus dem Jahr 1848

Alexander von Humboldt auf dem Dach der Friedrich-werdschen Kirche in Berlin. Ausschnitt aus dem Gemälde «Panorama von Berlin» mit Hedwigs-kirche (links), König-licher Bibliothek und Opernhaus von Eduard Gärtner, 1834

Wissenschaften, die sich mit den Verhältnissen auf der Erde beschäftigten. Humboldt ging es dabei nicht um eine Aneinan-derreihung von Fakten, für ihn waren die Naturwissenschaften Teil der menschlichen Kulturgeschichte.

Seine dreizehnte Vorlesung, die er an diesem regnerischen Tag in der Singakademie hielt, beschäftigte sich daher mit den alten Kulturvölkern und ihren Leistungen. Der Vortragende

begann damit, seinen Hörern die Epoche der Araber zu erläu-
tern: *In Astronomie, Geographie, Medizin und Physik hat ihr Fleiß
sehr glücklich und nützlich gewirkt, und noch zeugt manches arabische Kunstwort von ihrem Einfluß, selbst auf unsere heutige Kultur.
Namentlich trägt der Himmel die Spuren ihrer Herrschaft, indem die
meisten Constellationen arabische Benennungen haben.*[123] Die Zuhörer waren begeistert, manche blickten erstaunt. Hier sprach

jemand historische Wahrheiten aus und fokussierte nicht nur einseitig die antike Kultur.

Als großes Ereignis stellte Humboldt seinen Hörern die Entdeckung Amerikas vor: *Wie mächtig [sie] auf die Gemüter der Zeitgenossen eingewirkt hat, wie mit nichts anderm vergleichbar der Eindruck gewesen, welchen sie hervorbrachte, davon finden wir die Spuren in allen gleichzeitigen Schriftstellern.*[124] Die Erkundung der Neuen Welt führte letztlich zu einer neuen Vermessung der Erde; das war das Fazit, das Humboldt in seinem Vortrag zog.

Wissenschaftliche Erkenntnisse schrieben für ihn Geschichte, nicht einzelne Persönlichkeiten: *Daß um dieselbe Zeit die ergraute scholastisch-dogmatische Philosophie, welche jeder freieren Untersuchung die lähmendsten Fesseln angelegt hatte, einer reineren Naturanschauung weichen mußte, ist unstreitig mehr dem fortrückenden Geist der Zeit als dem Einflusse einzelner Männer zuzuschreiben.*[125] Humboldt sprach in diesem Zusammenhang zwar von Ereignissen aus dem 15. und 16. Jahrhundert, doch viele seiner Hörer verstanden die Botschaft sehr wohl. Im 19. Jahrhundert würden die Errungenschaften von Technik und Wissenschaft die Gesellschaft verändern. Den Beweis dafür erbrachten allein die vielen Menschen, die aus allen Bevölkerungsschichten Berlins zu dieser Vorlesung gekommen waren.

Noch immer herrschte eine aufmerksame Ruhe im Saal. Humboldt blieb jedoch keineswegs in der Vergangenheit stehen, er wollte nicht nur einen historischen Vortrag halten: *Je mehr wir uns aber der neueren Zeit nähern, um so schwerer wird es ein klares Bild von dem Vorschreiten in der Einsicht des Naturganzen zu unterwerfen, indem die Beobachtungen und Erfahrungen immer zahlreicher und wichtiger wurden.*[126] Humboldt war in der Gegenwart angekommen. Sie war schwieriger zu verstehen als die Vergangenheit, deren Analyse aus der Retrospektive stets leichter fiel.

Der Gelehrte zählte nun die Reisen auf, die in den letzten Jahrzehnten unternommen wurden. Er erwähnte die Weltreise von James Cook, dem britischen Seefahrer und Entdecker, sowie dessen wissenschaftliche Beschreibung durch den Naturforscher Georg Forster: *Die Temperatur des Meeres, seine Tiefe und abnehmende Wärme wurde untersucht und festgestellt, und der jüngere Forster lieferte eine geistreiche Beschreibung, eben so der Sitten verschiedener Völker, als des phisiognomischen Anblicks der Pflanzen, und ihm gebührt das Verdienst alle diese Beobachtungen philosophisch zusammengefaßt, und in ein Naturbild vereinigt zu haben.*[127] Humboldt erwähnte seine eigene Forschungsreise mit keiner Silbe. Fast jeder, der im Saal anwesend war, dachte aber an die Tropenexpedition des Gelehrten.

Schließlich endete Humboldt mit der Erwähnung der Volta'schen Säule als *einer der größten Entdeckungen des Jahrhunderts*[128]. Diese Säule gilt als Vorläuferin der Batterie. Aufgrund einer elektrochemischen Potenzialdifferenz zweier Metalle floss elektrischer Strom. Die elektrische Telegrafie, das elektronische Übermitteln der Nachrichten, sollte durch diese Erfindung des Italieners Alessandro Volta möglich werden. Humboldt lächelte in sich hinein, als er mit seinen Ausführungen fortfuhr. Dabei dachte er an seine galvanischen Experimente mit den Froschmuskeln, die er vor mehr als dreißig Jahren in Jena unter Anwesenheit des Herzogs Carl August und Goethes durchgeführt hatte. Fast am Rande vernahm er jetzt den stürmischen Applaus Hunderter von Hörern, die sich schon auf die nächste *Kosmos-Vorlesung* zu freuen schienen.

Alexander von Humboldt wohnte von Februar 1808 bis April 1827 in Paris. In dieser Zeit führte er das Leben eines Gelehrten, der mit Vortrags- und Publikationstätigkeit beschäftigt war. Die Herausgabe seines bebilderten Reisewerks *Voyage aux régions équinoxiales du nouveau continent fait en 1799, 1800, 1801, 1802, 1803, et 1804, par Al. de Humboldt et A. Bonpland*[129] zog sich über Jahrzehnte hin und beanspruchte viel Energie, Zeit und Geld. Zugleich entwickelte sich der naturwissenschaftliche Fortschritt in atemberaubender Geschwindigkeit. Mit jedem Erkenntnisgewinn verkürzte sich das Verfallsdatum der auf der Tropenreise durchgeführten Messungen. Humboldt, der ein Perfektionist war, wollte jedoch keine veralteten Pu-

Blick auf die Forschungsstätten Humboldts in Paris: das Cabinet d'Histoire Naturelle und das Observatorium im Quartier Latin. Kolorierte Radierung von François Denis Née nach Bataille, um 1780

blikationen auf dem Buchmarkt erscheinen lassen. Deshalb bemühte er sich um ständige Verbesserung seiner Ergebnisse. Auf diese Weise trat jedoch genau das ein, was er nicht wollte: Das große Ganze drohte sich im Detail zu verlieren. Dabei wollte er Universalist sein, der seinen Hörern und Lesern ein Bild der gesamten Welt zu vermitteln suchte.

Weiterhin schmerzte ihn die Tatsache, dass er «nur» bis Südamerika gekommen war. Noch nicht einmal ein Jahr nach seiner Rückkehr aus der Neuen Welt hatte er den Wunsch geäußert, zu einer Reise nach Asien aufzubrechen, und die Sehnsucht nach einer neuen Expedition war seitdem immer stärker geworden.[130] War Humboldt ein Getriebener? Versteht man darunter einen wachen Verstand, der von einer starken wissenschaftlichen Neugier bestimmt ist, muss man die Frage bejahen.

Unabhängig davon zeichnete sich der preußische Gelehrte durch feste Grundsätze aus. Er wich zeit seines Lebens nicht von seinem universalistischen Denken ab, niemals gab er sich mit einer Beschränkung auf einzelne Aspekte zufrieden. Auch bei seiner persönlichen Lebensplanung ging er keine Kompromisse ein. Er blieb in Paris wie später auch in Berlin unverheiratet, diente allein der Wissenschaft. Vorträge, Ehrendoktorate und Akademiemitgliedschaften nahm er gern an, Angebote, als Beamter in den preußischen Staatsdienst einzutreten, lehnte er ab, wie etwa das von Kanzler Karl August von Hardenberg, im Sommer 1810 «Director des Kultus und der wissenschaftlichen Anstalten» zu werden. Es hatte sich um eine gutdotierte Stelle als preußischer Kultus- und Wissenschaftsminister gehandelt. Doch in das politisch-administrative Räderwerk des preußischen Staates wollte er nicht mehr zurück, das hatte er vor seiner Tropenreise zur Genüge kennengelernt.

Der Verzicht auf eine Stelle als Beamter bedeutete aber nicht automatisch politische Abstinenz. Als die preußischen Truppen nach dem ersten Sieg über Napoleon 1814 in Paris einzogen, setzte er sich mit Erfolg für den Schutz des naturgeschichtlichen Museums in der französischen Metropole ein. Und der preußische König Friedrich Wilhelm III. bediente sich der sprachlichen und diplomatischen Fähigkeiten des in Frankreich sehr geschätzten Naturforschers. Alexander von Humboldt profitierte von den Vorzügen, sich in zwei Kulturen bewegen zu können.

In gleicher Weise erfuhr er aber auch die Grenzen eines derartigen Engagements. Ein Jahr später, nach der endgültigen Niederlage Napoleons, zeigten die Sieger ein großes Interesse an den historischen Säulen, die Napoleon aus dem Aachener Dom in den Louvre hatte bringen lassen. Humboldt setzte sich für den Verbleib der Beutekunst in Paris ein, was ihm im «Rheinischen Merkur» ein äußerst negatives Presseecho einbrachte.[131] Ein Brückenbauer zwischen den Kulturen hatte im Zeitalter der sich herausbildenden Nationalstaaten einen schweren Stand. Verständlicherweise lehnte der Naturforscher auch den Posten eines preußischen Gesandten in Paris ab. Er wollte unabhängig bleiben. Vielleicht verstärkte die Tatsache, dass sein Bruder Wilhelm ursprünglich für diese Position vorgesehen war, seine ablehnende Haltung. Allerdings waren es die Franzosen, die den Juristen und Philologen als *Persona non grata* betrachteten.[132] Wilhelm von Humboldt hatte daraufhin seit 1817 den Posten des preußischen Gesandten in London inne.

Das wissenschaftliche Umfeld lag Alexander von Humboldt am Ende mehr als das politische. Den preußischen König Friedrich Wilhelm III. konnte er allmählich von dem Vorhaben einer Reise *nach der indischen Halbinsel und dem indischen Archipelagus*[133] überzeugen. Die Situation von 1799 sollte sich jedoch nicht wiederholen. Was damals beim spanischen König gelang, in England konnte davon keine Rede sein. Die Zustimmung zu einer Unternehmung nach Indien und in andere koloniale Länder Asiens wurde Alexander von Humboldt von der englischen Krone nicht erteilt. Zum einen missfiel den Briten seine Unterstützung durch den preußischen König. Darüber hinaus war der Gelehrte kein unbeschriebenes Blatt mehr. Er hatte Kritik an den kolonialen Missständen in Lateinamerika geübt.

Alexander von Humboldt war vom Gedankengut der Aufklärung geprägt und sah die Gleichheit der Menschen vor dem Gesetz als ein wesentliches politisches Ziel an. Damit war in einem der Mutterländer der europäischen Demokratien kein Staat zu machen, deren Erfolg in der wirtschaftlichen Ausbeutung der Kolonien durch Sklaven und billige Arbeitskräfte bestand.[134] Aus diesen Gründen

Nach seiner Rückkehr aus den Tropen im Jahr 1804 begann Humboldt mit der Herausgabe seines Reisewerks. Er wollte seinen Lesern einen Gesamteindruck seines Aufenthalts in der Neuen Welt vermitteln. Darüber hinaus war es sein zentrales Anliegen, immer den neuesten Forschungsstand wiederzugeben. Humboldt unterschätzte den Umfang der Aufgabe und glaubte, das komplette Reisewerk innerhalb von zwei Jahren veröffentlichen zu können. Es dauerte fast drei Jahrzehnte, bis der letzte Band erschien. Aufgrund der zahlreichen Verlegerwechsel ist es für die Humboldtforschung sehr mühsam, eine historisch-kritische Gesamtausgabe des Reisewerks zu erstellen. Darüber hinaus wurden viele Teile in französischer Sprache publiziert, die erst später ins Deutsche übersetzt wurden. Das Reisewerk ist daher ein Thema, das auch hundertfünfzig Jahre nach Humboldts Tod keineswegs abgeschlossen ist.

lehnte England vermutlich das Ansinnen des fast fünfzigjährigen Naturforschers ab. Dennoch sind die genauen Gründe für die gescheiterte Reise nach Asien bislang nicht bekannt.

Die Arbeit am umfangreichen Reisewerk *Voyage aux régions équinoxiales du nouveau continent fait en 1799, 1800, 1801, 1802, 1803, et 1804, par Al. de Humboldt et A. Bonpland* neigte sich langsam ihrem Ende zu. Zu Beginn des Monats August 1825 erhielt Goethe einen der letzten Bände zugeschickt. Ein altes Projekt näherte sich dem Ende, ein neues sollte beginnen. Es war jedoch genau das eingetreten, was Humboldt befürchtet hatte. Kein kompaktes Gesamtwerk war entstanden, sondern eine Vielzahl an Einzelbänden. Der Eindruck einer Totalität konnte nicht vermittelt werden.

Mit knapp sechzig Jahren wandte sich Humboldt deshalb einem neuen Unterfangen zu. In Paris hatte er im Juli 1825 bereits vor einem kleinen Zuhörerkreis im Salon der Marquise von Montauban Vorlesungen über wissenschaftliche Themen gehalten.[135] Als Vortragsredner muss er eine sehr große Faszination auf sein Publikum ausgeübt haben. Dieses Talent entwickelte er in Berlin weiter. Am 6. Dezember 1827 begann er öffentliche Vorlesungen über *Physikalische Geographie* zu halten, die später von ihm *Kosmos-Vorlesungen* oder *Kosmos-Vorträge*[136] genannt wurden. Darin entfaltete der Gelehrte ein Panorama der Wissenschaften, angefangen von der Astronomie bis hin zur allgemeinen Geographie.

Die sechzehn *Kosmos-Vorlesungen*, die er bis zum 27. März 1827 in der Berliner Singakademie hielt, stellten die Grundlage für die Herausgabe eines großen wissenschaftlichen Werkes dar, mit dessen Ausarbeitung er 1833 begann. Mehr als zehn Jahre später konnte der erste Band erscheinen, wenige Wochen vor seinem Tod im Jahr 1859 beendete er die Durchsicht der endgültigen Abschrift. Das Werk *Kosmos* ist bestens geeignet, um den Universalisten Alexander von Humboldt zu verstehen.

Der «Kosmos» als wissenschaftliche Lebensbilanz

Die Motive für ein Werk, das ein Panorama der Wissenschaften in der ersten Hälfte des 19. Jahrhunderts darstellt, erläutert der Autor in seiner Vorrede: *Ich übergebe am späten Abend eines vielbewegten Lebens dem deutschen Publikum ein Werk, dessen Bild in unbestimmten Umrissen mir fast ein halbes Jahrhundert vor der Seele schwebte. [...] Wenn durch äußere Lebensverhältnisse und durch einen unwiderstehlichen Drang nach verschiedenartigem Wissen ich veranlaßt worden bin, mich mehrere Jahre und scheinbar ausschließlich mit einzelnen Disziplinen [...] als Vorbereitung zu einer großen Reiseexpedition zu beschäftigen, so war doch immer der eigentliche Zweck des Erlernens ein höherer. Was mir den Hauptantrieb gewährte, war das Bestreben [...], die Natur als ein durch innere Kräfte bewegtes und belebtes Ganzes aufzufassen.*[137]

Für Alexander von Humboldt ist der *Kosmos* keineswegs ein «Alterswerk». Zieht man vom Zeitpunkt des Entstehens der Vorrede das erwähnte *halbe Jahrhundert* ab, so befinden wir uns im Jahr 1793/94.[138] Der Natur-

Alexander von Humboldt in seinem Arbeitszimmer, während er einen Teil des «Kosmos» verfasst. Farbdruck nach einem Aquarell von Eduard Hildebrandt, 1845

forscher hatte gerade seinen Dienst als staatlicher Bergbauingenieur angetreten. Er prägte in dieser Zeit jenen schon
erwähnten Leitbegriff *physique du monde*. Um Humboldts
wissenschaftliches Denken zu verstehen, ist insbesondere die
Übersetzung des Wortes *monde* entscheidend. Die deutsche
Sprache lässt zwei Möglichkeiten offen: «Erde» und «Welt».
Der Nestor der deutschen Humboldtforschung, Hanno Beck,
ist sich sicher, dass letztlich eine physikalische Beschreibung
der gesamten Welt gemeint ist, eine Betrachtung aller Him-
mels- und Erdphänomene. Der englische Ausdruck wirkt um-
ständlicher, ist jedoch präziser: *A sketch of a physical description
of the universe.*[139] Das Universum, der *Kosmos* – eine derartige
Formulierung beinhaltet das Streben nach Totalität, das Hum-

boldt schon als junger Ingenieur im Bergbaudienst in sich trug. Die von ihm in der Vorrede erwähnte Forschungsreise brachte ihn intensiv mit einzelnen Wissenschaften wie der Botanik oder der Geophysik in Berührung, wobei er aber niemals das große Ganze aus den Augen verlor. Der Naturforscher ist damit der faustische Gelehrte par excellence. Er sieht die Verwirklichung seiner Ziele nicht im alltäglichen Klein-Klein der experimentellen Naturwissenschaft, sondern betrachtet sich im Dienst einer höheren Mission. Im Gegensatz zu Faust verzweifelt Humboldt jedoch nicht an der Welt.

Der *Kosmos* ist ein eindrucksvolles Zeugnis dafür, dass ihm der schwierige Spagat zwischen dem Allgemeinem und dem Einzelnen gelungen ist.[140] Das Werk ist eine große intellektuelle Leistung, allein durch die Tatsache, dass eine Brücke zwischen den Natur- und Geisteswissenschaften geschlagen wird. In der Mitte des 19. Jahrhunderts hatten sich die einzelnen Fächer an den Universitäten auf ihre Wissensgebiete spezialisiert, zu Humboldts Studienzeiten vor 1800 war dieser Schritt noch nicht erfolgt. Der Gelehrte konnte die Entwicklung mit eigenen Augen beobachten. Die Professionalisierung hatte ihren Preis, und die Naturwissenschaften traten in einen Gegensatz zu den Geisteswissenschaften im Sinne eines Streits um die Lösung der Frage, was die «Welt im Innersten zusammenhält»[141].

Humboldt sah in den beiden Polen von Natur und Geist keine Widersprüchlichkeiten, sondern erkannte im *Kosmos* das symbiotische Verhältnis beider Komponenten: *Man mag nun die Natur dem Bereich des Geistigen entgegensetzen, als wäre das Geistige nicht auch im Naturganzen enthalten, oder man mag die Natur der Kunst entgegenstellen, letztere in einem höheren Sinn als den Inbegriff aller geistigen Produktionskraft der Menschheit betrachtet, so müssen diese Gegensätze doch nicht auf eine solche Trennung des Physischen vom Intellektuellen führen, daß die Physik der Welt zu einer bloßen Anhäufung empirisch gesammelter Einzelheiten herabsinke. Wissenschaft fängt erst an, wo der Geist sich des Stoffes bemächtigt, wo versucht wird, die Masse der Erfahrungen einer Vernunfterkenntnis zu unterwerfen; sie ist der Geist, zugewandt zu der Natur.*[142]

Die Ausführungen des zu diesem Zeitpunkt sich bereits im achten Lebensjahrzehnt befindlichen Gelehrten haben hundertfünfzig Jahre später nichts von ihrer Aktualität verloren. Der Philosoph und Wissenschaftstheoretiker Jürgen Mittelstraß sieht die Rolle der Geisteswissenschaften darin, dem Individuum Orientierung zu geben.[143] Die Anhäufung exakter naturwissenschaftlicher Fakten kann diese Aufgabe nicht leisten. Auf diese Weise beinhaltet der von Humboldt gewählte *Kosmos*-Begriff einen Dialog mit den Geisteswissenschaften. Die *Physik der Welt* ist in den Augen des Naturforschers mehr als nur ein Konglomerat von Einzelheiten.

Es geht ihm im *Kosmos* aber nicht nur um eine Darstellung von Erd- und Himmelsphänomen. Das lebende Objekt ist ein Thema, mit dem sich der Forscher bereits vor 1800 beschäftigt hatte. In den *Ansichten der Natur* charakterisierte Humboldt botanische Gattungen, die überall auf der Welt zu finden sind, als Lebensformen und beschrieb exemplarische Typen in seinen *Ideen zu einer Physiognomik der Gewächse*.[144] Die Erkenntnisse seiner großen Reise sind für den Wissenschaftler aber noch vierzig Jahre nach der Rückkehr aus den Tropen keineswegs überholt. Und die Beschäftigung mit allen Lebensausgestaltungen, auch mit jenen vom Einzeller bis zum Tier, bestimmt weiterhin sein wissenschaftliches Denken: *Seitdem ich in den «Ansichten der Natur» die Allbelebtheit der Erdoberfläche, die Verbreitung der organischen Formen nach Maßgabe der Tiefe und Höhe geschildert habe, ist unsere Kenntnis auch in dieser Richtung durch Ehrenbergs glänzende Entdeckungen «über das Verhalten des kleinsten Lebens im Weltmeer wie im Eise der Polarländer» auf eine überraschende Weise, und zwar nicht durch kombinatorische Schlüsse, sondern auf dem Wege genauer Beobachtung, vermehrt worden. Die Lebenssphäre, man möchte sagen der Horizont des Lebens, hat sich vor unseren Augen erweitert. «Es gibt nicht nur ein unsichtbar kleines, mikroskopisches, ununterbrochen tätiges Leben in der Nähe beider Pole [...]; die mikroskopischen Lebensformen des Südpolmeers, auf der antarktischen Reise des Kapitän James Ross gesammelt, enthalten sogar einen ganz besonderen Reichtum bisher ganz unbekannter, oft sehr zierlicher Bildungen.»*[145]

«Simia ursina». Alexander von Humboldt interessierte sich nicht nur für botanische, sondern auch für tierische Lebensformen. Kolorierter Kupferstich von Nicolas Huet, 1807, in: Alexander von Humboldt und Aimé Bonpland: «Recueil d'observations de zoologie et d'anatomie comparée», Bd. 1, Tafel XXX, 1811

Der Gelehrte bleibt seinem wissenschaftlichen Weltbild treu, das er in den *Ansichten der Natur* entwickelt hatte. Seine Überzeugung über die Allgegenwart und Faszination tierischen und pflanzlichen Lebens auf der Welt hat er niemals aufgegeben. Neuere Erkenntnisse, wie die Entdeckung von Lebensformen in der Antarktis, sieht er als Bestätigung und Weiterentwicklung seiner eigenen Ideen. Der Gelehrte ist immer auf der Höhe seiner Zeit und greift im *Kosmos* auf die aktuellen wissenschaftlichen Erkenntnisse des frühen 19. Jahrhunderts zurück, in diesem Fall auf die Abhandlung Christian Gottfried Ehrenbergs, die von ihm mit dem Titel «Über das kleinste Leben im Ocean»[146] zitiert wird. Sie basiert auf einem Vortrag des Zoologen und Geologen in der Berliner Akademie der Wissenschaften am 9. Mai 1844.

Offenheit für neue Erkenntnisse ohne Aufgabe der eigenen Grundüberzeugung ist somit ein weiteres Kennzeichen der Wissenschaftsauffassung von Humboldt. Eine Vermischung von geisteswissenschaftlichen und naturwissenschaftlichen Methoden kam für ihn immer noch nicht in Frage. Spekulation, *kombinatorische Schlüsse*[147] lehnte er ab. Letztlich zählte nur der Weg *genauer Beobachtung*[148].

Die Aktualität des *Kosmos* spiegelt sich nicht nur in einem interdisziplinären Ansatz wider. Die Ausführungen des Naturforschers zeigen bereits eine Sensibilität für die Ethik der Wissenschaften. Alexander von Humboldt empfindet vor einer primitiven Zellform große Hochachtung – und betrachtet sie als Geheimnis des Lebens. Bei allem Streben nach Erkenntnis gibt es für ihn Tabubereiche. Dazu gehört die Entstehung einer neuen Zelle als ein noch ungelöstes Rätsel des Lebens: *Ich bin in dieser fragmentarischen Betrachtung der Erscheinungen des Organismus von den einfachsten Zellen, gleichsam dem ersten Hauch des Lebens […] aufgestiegen. «Das Zusammenhäufen von Schleimkörnchen zu einem bestimmt geformten Zytoblasten, um den sich blasenförmig eine Membrane als geschlossene Zelle bildet» [Humboldt zitiert an dieser Stelle den Botaniker Matthias Schleiden[149]], ist entweder durch eine schon vorhandene Zelle veranlaßt, so daß Zelle durch Zelle entsteht, oder der Zellbildungsprozeß ist wie bei den sogenannten Gärungspilzen in das Dunkel eines chemischen Vorgangs gehüllt. Die geheimnisvolle Art des Werdens durfte hier nur leise berührt werden.*[150]

Wer sich so intensiv mit den verschiedenen Lebensformen

auf der Welt beschäftigt, kommt nicht am Menschen vorbei. Humboldt analysiert zunächst den Einfluss äußerer Faktoren auf die Verbreitung des menschlichen Geschlechts. Er, der viele Pflanzen, Tiere und Völker in den unterschiedlichsten Klimazonen auf der Welt gesehen hat, erkannte den Einfluss der äußeren Umwelt auf die menschliche Lebensform: *Es würde das allgemeine Naturbild, das ich zu entwerfen habe, unvollständig bleiben, wenn ich hier nicht auch den Mut hätte, das Menschengeschlecht in seinen physischen Abstufungen, in der geographischen Verbreitung seiner gleichzeitig vorhandenen Typen, im Einfluß, welchen es von den Kräften der Erde empfangen und [...] auf sie ausgeübt hat, mit wenigen Zügen zu schildern. Abhängig, wenngleich in minderem Grade als Pflanzen und Tiere, vom Boden und den meteorologischen Prozessen des Luftkreises, [...] nimmt das Geschlecht wesentlich Teil am ganzen Erdenleben. Durch diese Beziehungen gehört demnach das dunkle und vielbestrittene Problem von der Möglichkeit gemeinsamer Abstammung in den Ideenkreis, welche die physische Weltbeschreibung umfaßt. Es soll die Untersuchung dieses Problems, wenn ich mich so ausdrücken darf, durch ein edleres und rein menschliches Interesse das letzte Ziel meiner Arbeit bezeichnen. Das unermessene Reich der Sprachen, in deren verschiedenartigem Organismus sich die Geschicke der Völker ahnungsvoll abspiegeln, steht am nächsten dem Gebiet der Stammverwandtschaft.* [151]

Alexander von Humboldt gerät an dieser Stelle an seine wissenschaft-

Ende 1831, im Alter von zweiundzwanzig Jahren, begann Charles Darwin eine Reise um die Welt. Die Beobachtungen seiner fünfjährigen Forschungsexpedition schrieb er in dem Tagebuch «Die Fahrt der Beagle» nieder. Darin stößt man immer wieder auf den Namen Alexander von Humboldt, dessen Reisebeschreibungen von Südamerika das Interesse des jungen Theologen weckten. Nach der Rückkehr konnte es sich Darwin – ähnlich wie Humboldt – aufgrund seines ererbten Vermögens als Privatgelehrter leisten, die auf der Reise gesammelten Beobachtungen auszuwerten und niederzuschreiben. Der Brite versuchte, die auf der ganzen Welt beobachteten Tiere und Pflanzen in das abstrakte Modell seiner Evolutionstheorie einzuordnen. Humboldt war dagegen ein Anhänger der empirischen Forschung, der möglichst umfassend alle Einzelbeobachtungen darstellen wollte. Darwin veröffentlichte sein zentrales Werk «Über die Entstehung der Arten» im November 1859, sechs Monate nach Humboldts Tod.

lichen Grenzen. Ein Forscher, der jahrzehntelang die Natur in ihren vielfältigen Erscheinungen untersucht hatte, war sich der Tatsache bewusst, dass unterschiedliche Lebensräume zu einer Anpassung der menschlichen wie der tierischen Lebensform führten. Dieser Beobachtung steht das theologisch geprägte Modell gegenüber, dass die menschliche Rasse als solche zu einem bestimmten Zeitpunkt vom Schöpfergott ins Dasein gerufen wurde. Dieses Dogma bezeichnet Humboldt im *Kosmos* zwar als ein *dunkle[s] und vielbestrittene[s] Problem*, ohne es jedoch zu widerlegen. Die naturwissenschaftliche Antwort sollte daher der britische Gelehrte Charles Darwin mit seinem Werk «Über die Entstehung der Arten»[152] geben. Humboldt weicht einer Konfrontation aus – und wendet sich im *Kosmos* einer Untersuchung der Sprachen zu. Vielleicht waren es die letzten Geheimnisse des Menschen, vor denen er eine so große Ehrfurcht hatte, dass er sie nicht entzaubern wollte. Die Tatsache, dass Humboldt den Quantensprung von der biblischen Schöpfung zu einer Evolution des Menschen im *Kosmos* nicht durchführt, schmälert den wissenschaftlichen Wert des Werkes jedoch keineswegs.

Zerfall in
die Elemente

Der Weg von den *Kosmos-Vorlesungen* im Winter 1827/1828 bis zum Erscheinen des ersten gedruckten Bandes *Kosmos. Entwurf einer physischen Weltbeschreibung*[153] im Frühjahr 1845 war ein langer. Humboldt war in dieser Zeit nicht nur mit der schriftlichen Ausarbeitung beschäftigt, sondern auch durch vielfältige Aufgaben beansprucht. Ein Höhepunkt im Jahr 1828 war zweifellos die siebte Versammlung der «Gesellschaft Deutscher Naturforscher und Ärzte», die vom 18. bis 24. September in Berlin stattfand. Während dieser Zeit wohnte der Göttinger Mathematiker Carl Friedrich Gauß bei Humboldt. Das wissenschaftsgeschichtliche Ereignis ist in den letzten Jahren in den Mittelpunkt des Interesses gerückt, da der Bestseller des jungen Autors Daniel Kehlmann genau diese historische Begegnung als Ausgangspunkt seines in viele Sprachen übersetzten Romans wählte.

In der 2005 erschienenen Doppelbiographie «Die Vermessung der Welt» stellte der Autor Daniel Kehlmann den Naturforscher Alexander von Humboldt (1769–1859) und den Mathematiker Carl Friedrich Gauß (1777–1855) vor – zwei Gelehrte, die ihr Leben der Wissenschaft widmeten. Schnittstelle ihrer Begegnung ist die Versammlung der «Gesellschaft Deutscher Naturforscher und Ärzte» in Berlin im September 1828. In dieser Zeit wohnte Gauß bei Humboldt. Die historischen Ereignisse sind in diesem Roman exakt wiedergegeben. Humboldts Reise in die Tropen wird ebenso thematisiert wie die Tätigkeit des Mathematikers an der Sternwarte in Göttingen.

Alexander von Humboldt hatte die ehrenvolle Aufgabe, die Eröffnungsansprache auf der Versammlung zu halten, die hochkarätige Naturforscher und Mediziner aus vielen Teilen Europas nach Berlin geführt hatte. Sie ist das Bekenntnis eines begeisterten Naturwissenschaftlers auf der Suche nach der Wahrheit, die sich im intellektuellen Streit zwischen verschiedenen Positionen er-

Bühnenbild eines Sternenhimmels nach Karl Friedrich Schinkel für die Arie der Königin der Nacht aus Mozarts «Zauberflöte». Vor dieser Kulisse hielt Humboldt im Jahr 1828 in Berlin das Eröffnungsreferat bei der «Gesellschaft Deutscher Naturforscher und Ärzte». Aquatinta von C. F. Thiele, 1816

schließt. Humboldt war nicht nur Preuße, sondern bereits im frühen 19. Jahrhundert ein leidenschaftlicher Europäer. Nationale Scheuklappen waren ihm fremd, die großen Aufgaben der Zukunft ließen sich in seinen Augen nur als gemeinsames Projekt zwischen den Staaten lösen. Ein großes Ziel der Ansprache in Berlin bestand deshalb darin, die vielen Teilnehmer aus Skandinavien in den noch heute existierenden Verein einzubinden: *Die Gesellschaft deutscher Naturforscher und Ärzte hat seit ihrer letzten Versammlung, [...] durch die schmeichelhafte Teilnahme benachbarter Staaten und Akademien sich eines besonderen Glanzes zu erfreuen gehabt. Stammverwandte Nationen haben den alten Bund erneuern wollen zwischen Deutschland und dem gotisch-skandinavischen Norden. Eine solche Teilnahme verdient umso mehr unsere Anerkennung, als sie der Masse von Tatsachen und Meinungen, welche hier in einen allgemeinen, fruchtbringenden Verkehr gesetzt werden, einen unerwarteten Zuwachs gewährt. [...] Mögen die trefflichen Männer, welche durch keine Beschwerden von*

Land- und Seereisen abgehalten wurden, aus Schweden, Norwegen, Dänemark, Holland, England und Polen unserm Vereine zuzueilen, andern Fremden für kommende Jahre die Bahn bezeichnen, damit wechselweise jeder Teil des deutschen Vaterlandes den belebenden Einfluß wissenschaftlicher Mitteilung aus den verschiedensten Ländern Europas genieße. [...] Entschleierung der Wahrheit ist ohne Divergenz der Meinungen nicht denkbar, weil die Wahrheit nicht in ihrem ganzen Umfange auf einmal und von allen zugleich erkannt wird.[154]

Wissenschaft hat Humboldt zufolge immer einen internationalen Charakter. Die Aufgaben können nur in einem dialektischen Prozess von These und Antithese gelöst werden. Es verwundert nicht, dass die Wiederentdeckung Alexander von Humboldts erst nach dem Zweiten Weltkrieg begann – das Zeitalter nationaler Egoismen war endgültig vorbei. Seine Worte anlässlich der Versammlung in Berlin haben im Hinblick auf die deutsche Geschichte zwischen 1871 und 1945 fast schon prophetischen Charakter.

Ein anderer Wunsch nahm während der *Kosmos-Vorlesungen* ebenfalls Gestalt an. Der russische Zar hatte Humboldt über die Vermittlung seines Finanzministers Georg Graf von Cancrin zu einer Forschungsreise nach Russland und Russisch-Asien eingeladen. Auf diese Weise konnte der langgehegte Traum einer Asien-Expedition in die Tat umgesetzt werden. Im Frühjahr 1829 brach er nach Russland auf. Der Charakter dieser Exkursion ist jedoch nicht mit der großen Forschungsreise zwischen 1799 und 1804 zu vergleichen. Humboldt fuhr dieses Mal nicht als Privatgelehrter, sondern als Gast. Die Unternehmung war eine Auftragsarbeit, die das Ziel hatte, in den jeweiligen Regionen des Landes eine geographische Bestandsaufnahme durchzuführen. Heikle politische Angelegenheiten, wie beispielsweise die Situation der verarmten russischen Landbevölkerung, musste der Gelehrte ausklammern. Zudem war er während der Exkursion eingebunden in eine Reihe zahlreicher gesellschaftlicher Empfänge, die ihn zwar ehrten, aber keinen Spielraum für innovative wissenschaftliche Fragen ließen.

Die Reise begann am 12. April und führte ihn im Mai zunächst an den Hof nach Sankt Petersburg. Nach einem Treffen mit Nikolaus I. sowie dessen einflussreichem Finanzminister Georg Graf von Cancrin setzte Humboldt seine Exkursion in Richtung Moskau fort. Ein umfangreicher Stab begleitete ihn. Aus Berlin hatte er Christian Gottfried Ehrenberg mitgenommen, den Mineralogen Gustav Rose sowie seinen Kammerdiener Johann Seifert. Die russische Regierung wiederum stellte ihm eine Gruppe von interessierten Wissenschaftlern und Bediensteten zur Verfügung, die an verschiedenen Stationen der Expedition durch andere Teilnehmer ersetzt wurde. Auf diese Weise war Humboldt der bestbewachte Mann in Russland. Höhepunkt des Aufenthalts war die Reise in den nördlichen Ural, die am 25. Juni 1829 von Katharinenburg aus begann. Dort besichtigte der ehemalige Bergbauingenieur die zahlreichen Hütten und Gruben, die ihm den unermesslichen Reichtum des Landes an Bodenschätzen vor Augen führten. Obwohl der genaue Ablauf der Exkursion nach Westsibirien im Vorfeld festgelegt worden war, gelang dem Naturforscher eine Änderung des Programms. Er unternahm einen Abstecher ins Altai-Gebirge, und am 17. August 1829 stand Humboldt vor der chinesischen Grenze. Jenseits davon lag die Region, die er in seinem Leben gern erforscht hätte. Doch er setzte seine Expedition in Richtung des südlichen Urals fort, und am 12. Oktober erreichte er die an der Wolga gelegene Stadt Astrachan. Der Rückweg erfolgte über Moskau, und am 13. November 1829 war Humboldt wieder in Sankt Petersburg.

Auf einer außerordentlichen Sitzung der Petersburger Akademie der Wissenschaften berichtete er etwa vierzehn Tage später über seine Fahrt, auf der er etwa 15 000 Kilometer in den Weiten Russlands und Sibiriens zurückgelegt hatte. Ein Mitglied der Akademie, General Gregor von Helmersen, der den preußischen Gelehrten begleitet hatte, schilderte später seine Eindrücke: «Humboldt ging damals [...] noch ziemlich gerade einher, den Kopf ein wenig nach vorn geneigt. Wir haben ihn selbst auf der Reise, im Wagen, nie anders als in dunkelbraunem oder schwarzem Frack, mit weißer Halsbinde und

Karte von Humboldts Reise durch Russland 1829

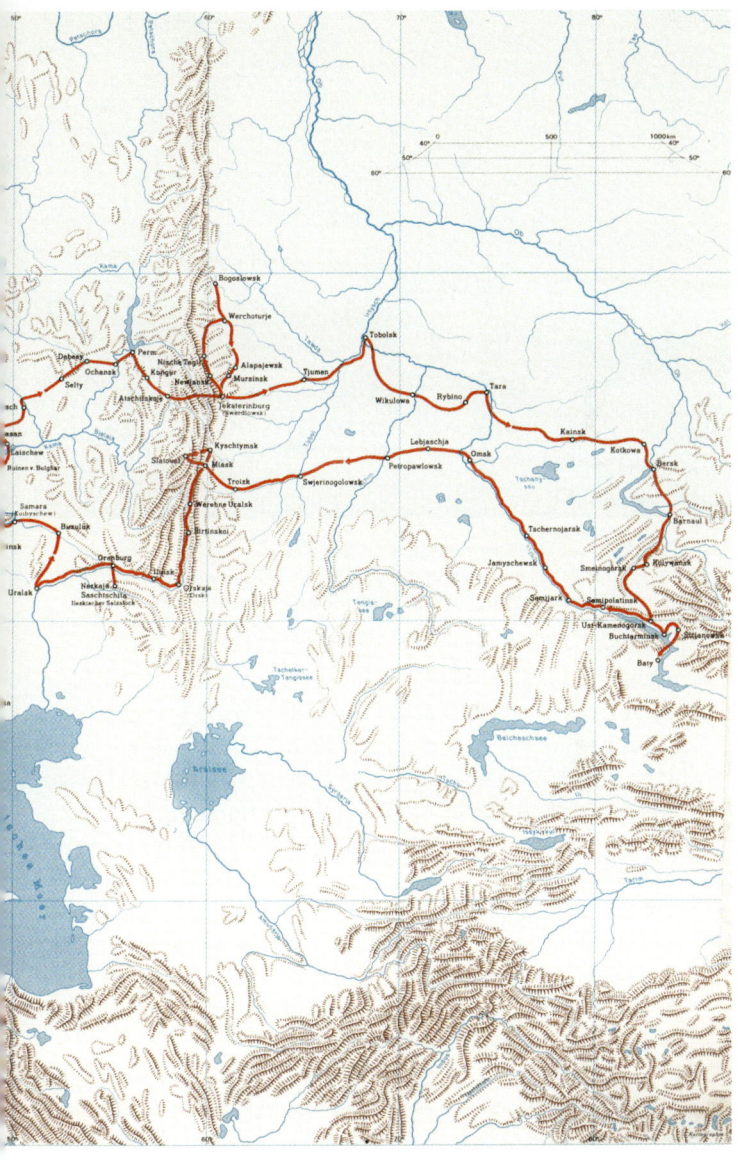

Blick auf das Marmorpalais an der Newa in Sankt Petersburg. In der Stadt wurde Humboldt auf seiner Russlandreise von Zar Nikolaus I. empfangen. Gouache von Wilhelm Barth, 1812

rundem Hute gesehen. Über den Frack zog er einen langen, ebenfalls dunkelfarbigen Überrock. Sein Gang war gemessen, langsam, vorsichtig, aber sicher. Er ritt auf den Exkursionen nie; wo man im Fuhrwerke nicht weiterkonnte, stieg er aus und ging zu Fuß weiter, ohne sichtbare Ermüdung hohe Berge ersteigend oder über Steinmeere kletternd. […] Trank und Speise nahm er stets, selbst nach ermüdenden Streifereien, mit der bekannten Mäßigkeit zu sich und hatte oft viel Mühe, die […] Menge abzuweisen, welche die übrigens wohlgemeinte Gastfreundschaft der Russen den Gästen beibringen möchte. Er tat dies […] immer mit derselben tadellosen Freundlichkeit, die den wahren Aristokraten auszeichnet.»[155]

Noch vor der Abreise nach Russland traf die Humboldt-Familie ein schwerer Schicksalsschlag: Die Schwägerin Caroline war am 26. März 1829 gestorben. Sie wurde im Park von Schloss Tegel beigesetzt, wo auch beide Brüder ihre letzte Ruhestätte finden sollten.

Humboldt machte sich nach seiner Rückkehr aus Russland an die Aufgabe, die *Kosmos-Vorlesungen* in eine Schriftform zu bringen sowie die Ergebnisse der russisch-sibirischen Exkursion zusammenzufassen. Der erste Teil dieses Reisewerks erschien mehr als ein Jahr nach der Rückkehr aus Russland in französischer Sprache unter dem Titel *Fragments de géologie et de climatologie asiatiques*[156], ein weiterer Teil, *Asie centrale*, erfolgte zwölf Jahre später, also 1843, zunächst wiederum in Paris. Humboldt griff in diesen beiden Bänden nicht nur auf seine eigenen Beobachtungen und Vermessungen zurück, sondern – wie schon öfter – auf Erkenntnisse anderer Forscher.

Zur französischen Sprache hatte Humboldt eine besondere Affinität. Auch wenn er seit 1827 seinen Wohnsitz in Berlin hatte, war er in fast zweijährigem Rhythmus in Paris. Dort erfüllte er weiterhin im Auftrag des preußischen Königs diplomatische Missionen und pflegte den Kontakt zu anderen Wissenschaftlern.

Für ihn begann aber auch eine Zeit, in der er von vielen seiner Vertrauten Abschied nehmen musste, nicht nur von seiner Schwägerin Caroline. 1831 erfolgte bei einer Rückreise von Paris nach Berlin ein Besuch in Weimar, wo er am 26. Januar das letzte Mal mit Goethe zusammentraf, der ein Jahr später starb. Tief erschüttert hat ihn der Verlust seines Bruders Wilhelm, der am 8. April 1835 auf Schloss Tegel starb.

Fünf Jahre später erlebte er einen Thronwechsel. Der neue preußische König, Friedrich Wilhelm IV., verpflichtete den europaweit bekannten Gelehrten in noch stärkerem Ausmaß zu Hofdiensten und ernannte ihn zum Mitglied des Preußischen Staatsrates. Die Ehrungen, Akademiemitgliedschaften und Ehrenpromotionen wurden im Lauf der Zeit immer zahlreicher. Allerdings wuchsen auf gleiche Weise die Verbindlichkeiten. Zwar versorgte ihn der preußische Staat mit einer Pension von 5000 Talern im Jahr, doch es reichte nicht. Sein Erbe hatte sich inzwischen aufgebraucht, und im Alter von siebenundsiebzig Jahren war er gezwungen, einen Kredit bei der preußischen Staatsbank aufzunehmen. Die Gegenfinanzierung

Humboldt erledigte diplomatische Missionen im Auftrag zweier preußischer Könige: Friedrich Wilhelm III. Kupferstich von E. Mandel, um 1825 (links), und sein Sohn Friedrich Wilhelm IV. Schabkunstblatt von Gustav Lüderitz, um 1845

erfolgte über die Einnahmen aus seinen literarischen Veröffentlichungen.

Seit 1842 wohnte der Gelehrte in einem Domizil in der Oranienburger Straße. Sein Testament hatte er bereits ein Jahr zuvor aufgesetzt; der Kammerdiener Johann Seifert wird zum Erbe des gesamten Vermögens bestimmt. Dafür musste der Bedienstete den betagten, bis kurz vor seinem Tod geistig hellwachen Mann versorgen.

Während der Revolution von 1848 nahm Humboldt eine vermittelnde Rolle ein und bemühte sich, mäßigend auf den preußischen König einzuwirken. Im hohen Alter war er in gleicher Weise wie in seiner Jugend von den Idealen der Aufklärung geprägt. Gleichzeitig verkörperte er den gebildeten preußischen Aristokraten. So empfand er Trauer für die bei der Märzrevolution ums Leben gekommenen Soldaten, die von aufständischen Bürgern umgebracht wurden. Er betrachtete es als seine patriotische Pflicht, sich 1850 – zum Gedächtnis an die gefallenen Soldaten – in ein Kondolenzbuch einzutragen. Humboldt betrachtete die Märzereignisse 1848 nicht ideologisch, er blieb der Menschenfreund, der er zeit seines Lebens war.

Den letzten Wechsel auf dem Thron des preußischen Königs erlebte der fast neunzigjährige Humboldt 1858. Der kranke Friedrich Wilhelm IV. konnte die Regierungsgeschäfte nicht weiterführen, weshalb die politische und administrative Vollmacht an seinen Bruder Wilhelm I. übertragen wurde. Bei Humboldts Geburt herrschte Friedrich der Große. Der Gelehrte hatte vier preußische Regenten erlebt.

Der Blick des Kranken fiel auf einen Stapel Bücher und sein *Kosmos*-Manuskript. Schon oft hatte sich Humboldt in den letzten Wochen schwach gefühlt. Immer war er wieder zu Kräften gekommen, dieses Mal sollte es anders werden. Der Gelehrte fühlte es. Im März 1859 hatte er einen Brandbrief in der Presse veröffentlicht. Darin bat er um *einige Ruhe und Muße zu eigener Arbeit* [157]. Er konnte die vielen Postsendungen, die im Jahresdurchschnitt eine Anzahl von 1600 bis 2000 Schreiben erreichten, nicht mehr beantworten. Er bat um *Ruhe und Muße*, um die noch fehlende Veröffentlichung zu vollenden. Der Abschluss des *Kosmos* lag ihm am Herzen. Mehr als vierzehn Tage zuvor hatte er die Abschrift des Manuskripts mit Anmerkungen ergänzt. Der letzte Band würde nach seinem Tod erscheinen. Diese Tatsache war sicherlich ganz im Sinne Humboldts. Sein Körper war nicht für die Ewigkeit geschaffen, aber seine Bücher sollten überdauern.

Der Kammerdiener Seifert hatte gerade den Vorhang zurückgezogen und das Fenster für kurze Zeit geöffnet. Frühlingsluft strömte in das Zimmer des Kranken. Es war eine ähnliche Atmosphäre wie damals, als er auf Schloss Tegel krank gewesen war. Damals wachte der Kinderarzt Heim an seinem Bett.

In der Nähe der Tür stand ein großer Korb mit Briefen aus der ganzen Welt. Teilweise Genesungswünsche und Respektbezeugungen, aber auch Bettelbriefe von jungen Gelehrten sowie Aufforderungen zu einer Veröffentlichung. Humboldt hätte sie gern alle gewissenhaft beantwortet. Aber er konnte es nicht mehr. Er hatte viel erreicht, hatte für die Wissenschaft gelebt und dabei sein Vermögen aufgebraucht – ohne schlechtes Gewissen. Er hinterließ weder Frau noch Kin-

Alexander von Humboldt.
Daguerreotypie von Hermann Biow, 1847

der. Die Honorare aus den Veröffentlichungen würden eines
Tages alle anstehenden Schulden begleichen. Humboldt lächelte über sich selbst. Er konnte den Kameralisten in sich einfach nicht abschütteln. Auch im Angesicht des bevorstehen-
den Todes stellte er Gedanken über Einnahmen und Ausgaben
an.

Er erinnerte sich an eine Stelle aus einem seiner Werke. Im *Rhodischen Genius* ist vom Verschwinden der Lebenskraft die Rede. Humboldt kannte die Stelle noch genau: *Nun treten die irdischen Stoffe ihre Rechte ein. Der Fesseln entbunden, folgen sie wild nach langer Entbehrung ihren geselligen Trieben; der Tag des Todes wird ihnen ein bräutlicher Tag.*[158] Er hatte genügend chemische Experimente durchgeführt und Verbindungen in ihrem Zerfallen und Entstehen beobachtet – nichts anderes war der Tod!

Die Kräfte nahmen in den Frühlingstagen 1859 immer weiter ab. Anfang Mai konnte der Gelehrte sein Bett nicht mehr verlassen. Der Tod entriss ihn dem irdischen Dasein am 6. Mai um 14.30 Uhr. Der Leichnam wurde im Bibliothekszimmer des Gelehrten aufgebahrt. Einen würdigeren Ort hätte man kaum finden können.

ANMERKUNGEN

1 Otto Krätz: Alexander von
Humboldt. Wissenschaftler, Weltbürger, Revolutionär. München
2000, S. 13 f.
2 Douglas Botting: Alexander von
Humboldt. Biographie eines großen
Forschungsreisenden. München
2001, S. 7–21
3 Otto Krätz: Alexander von
Humboldt, a. a. O., S. 14
4 Ebenda, S. 18
5 Ebenda
6 Ilse Jahn und Fritz G. Lange (Hg.):
Die Jugendbriefe Alexander von
Humboldts 1787–1799. Berlin
1973 (Beiträge zur Alexander-von-
Humboldt-Forschung, 2), Briefe
Nr. 4–6, 8,10–13, 15–16, 18, 21, 26,
33, 46, 54, S. 7–107
7 Erwähnt seien die Briefromane
«Die Leiden des jungen Werther»
von Johann Wolfgang von Goethe.
In: Hamburger Ausgabe (HA) in
14 Bänden. Hg. von Erich Trunz.
München 1994, Band VI, Romane
und Novellen I, S. 7–124, sowie
«Hyperion oder Der Eremit in Griechenland» von Friedrich Hölderlin.
Frankfurt a. M. 1980
8 Ilse Jahn und Fritz G. Lange (Hg.),
a. a. O., S. 7
9 Wolfgang-Hagen Hein: Alexander
von Humboldt und die Pharmazie.
Stuttgart 1988 (Veröffentlichungen
der Internationalen Gesellschaft
für Geschichte der Pharmazie N. F.
56), S. 13 ff.
10 Ilse Jahn und Fritz G. Lange (Hg.),
a. a. O., S. 68
11 Alexander von Humboldt:
Ansichten der Kordilleren und
Monumente der eingeborenen
Völker Amerikas. Hg. von Oliver
Lubrich und Ottmar Ette. Frankfurt
a. M. 2004, Tafel I–II, S. 21–25

12 Ilse Jahn und Fritz G. Lange (Hg.),
a. a. O., S. 108 f.
13 Alexander von Humboldt: Mineralogische Beobachtungen über
einige Basalte am Rhein. Braunschweig 1790
14 Ilse Jahn und Fritz G. Lange (Hg.),
a. a. O., S. 202
15 Schillers Werke. Nationalausgabe. Hg. von Norbert Oellers
und Frithjof Stock. Weimar 1977,
Briefwechsel, Bd. 29, S. 113
16 Ilse Jahn und Fritz G. Lange (Hg.),
a. a. O., S. 204
17 Ebenda
18 Otto Krätz: Alexander von
Humboldt, a. a. O., S. 32 ff.
19 Adolf Meyer-Abich: Alexander
von Humboldt. Reinbek 1998, S. 32
20 Die Bibel, Buch Genesis, 1,9–13
21 Horst Beinlich u. a. (Hg.): Magie
des Wissens. Athanasius Kircher
1602–1680. Universalgelehrter,
Sammler, Visionär. Dettelbach
2002, S. 105 f.
22 Hans-Dietrich Dahnke und Re-
gine Otto (Hg.): Goethe Handbuch
4 / 2. Personen, Sachen, Begriffe,
L– Z. Stuttgart / Weimar 2004,
Stichwort: «Neptunismus / Vulkanismus», S. 801 ff.
23 Peter Berglar: Wilhelm von
Humboldt. Reinbek 1996, S. 32
24 Schillers Werke, a. a. O., Bd. 29,
S. 112
25 Ilse Jahn und Fritz G. Lange (Hg.),
a. a. O., S. 79
26 Ilse Jahn und Fritz G. Lange (Hg.),
a. a. O., S. 203 f.
27 Wolfgang-Hagen Hein: Alexander von Humboldt. Leben und
Werk. Frankfurt a. M. 1985, S. 32
28 Horst Fiedler und Ulrike
Leitner: Alexander von Humboldts
Schriften. Bibliographie der selbständig erschienenen Werke. Berlin
2000, S. 4 ff.
29 Ebenda, S. 7–10

30 Alexander von Humboldt: Versuche über die gereizte Muskel- und Nervenfaser. Bd. I. Posen / Berlin 1797

31 Werner E. Gerabek, Bernhard D. Haage, Gundolf Keil und Wolfgang Wegner (Hg.): Enzyklopädie Medizingeschichte. Berlin / New York 2005, S. 1352 f.

32 Ebenda, S. 528

33 Wolfgang-Hagen Hein: Alexander von Humboldt. Leben und Werk, a. a. O., S. 200 f.

34 Werner E. Gerabek, Bernhard D. Haage, Gundolf Keil und Wolfgang Wegner (Hg.), a. a. O., S. 1459

35 Margit Wyder: Bis an die Sterne weit? Goethe und die Naturwissenschaften. Frankfurt a. M. / Leipzig 1999, S. 55 – 79

36 Helmut Seidel: Spinoza zur Einführung. Hamburg 1994

37 Goethes Werke (HA), a. a. O., Bd. XIII, S. 107 – 109

38 Ebenda, S. 10 – 20

39 Vgl. Wolfgang Riedel: Die Anthropologie des jungen Schiller. Zur Ideengeschichte der medizinischen Schriften und der «Philosophischen Briefe». Würzburg 1985

40 Helmut Koopmann (Hg.): Schiller-Handbuch. Stuttgart 1998, S. 547

41 Alexander von Humboldt: Ansichten der Natur. Zit. nach Adolf Meyer-Abich (Hg.): Die Lebenskraft oder der rhodische Genius. Stuttgart 1999, S. 112 – 117

42 Die Bibel, 1. Buch Moses, 3,19

43 Werner E. Gerabek, Bernhard D. Haage, Gundolf Keil und Wolfgang Wegner (Hg.), a. a. O., S. 292 f.

44 Schillers Werke, a. a. O., Bd. 29, S. 112 f.

45 Otto Krätz: Goethe und die Naturwissenschaften. München 1998, S. 114 – 121

46 Walter Müller-Seidel: «Naturforschung und deutsche Klassik. Die Jenaer Gespräche im Juli 1794». In: Untersuchungen zur Literatur als Geschichte. Festschrift für Benno von Wiese. Hg. von Vincent J. Günther, Helmut Koopmann, Peter Pütz und Hans Joachim Schrimpf. Berlin 1973, S. 61 – 78

47 Kurt-R. Biermann, Ilse Jahn und Fritz G. Lange (Hg.): Alexander von Humboldt. Chronologische Übersicht über wichtige Daten seines Lebens. Berlin 1968, S. 16

48 Alexander von Humboldt: Schriften zur Physikalischen Geographie (STA). Bd. VI. Hg. von Hanno Beck. Darmstadt 1989

49 Ilse Jahn und Fritz G. Lange (Hg.), a. a. O., S. 532 f.

50 Horst Fiedler und Ulrike Leitner, a. a. O., S. 553

51 Alexander von Humboldt: Reise in die Äquinoktial-Gegenden des Neuen Kontinents. Hg. von Ottmar Ette. Bd. I–II. Frankfurt a. M. 1999, Bd. I, S. 66 f.

52 Ebenda, S. 102 f.

53 Ebenda, S. 103

54 Ebenda, S. 114

55 Ebenda, S. 122

56 Alexander von Humboldt: Ansichten der Natur (STA), a. a. O., Bd. V, S. 77

57 Alexander von Humboldt: Reise in die Äquinoktial-Gegenden des Neuen Kontinents, a. a. O., S. 129

58 Ebenda, S. 126

59 Alexander von Humboldt: Ansichten der Kordilleren und Monumente der eingeborenen Völker Amerikas, a. a. O., S. 385

60 Ilse Jahn und Fritz G. Lange (Hg.), a. a. O., S. 590

61 Alexander von Humboldt: Versuche über die chemische Zerlegung des Luftkreises und über einige andere Gegenstände

der Naturlehre. Braunschweig 1799

62 Otto Krätz: Alexander von Humboldt, a. a. O., S. 51 f.

63 Peter Berglar, a. a. O., S. 58 ff.

64 Horst Fiedler und Ulrike Leitner, a. a. O., S. 17

65 Adolf Meyer-Abich, a. a. O., S. 62

66 Kurt-R. Biermann, Ilse Jahn und Fritz G. Lange (Hg.), a. a. O., S. 23

67 Alexander von Humboldt: Reise in die Äquinoktial-Gegenden des Neuen Kontinents, a. a. O., Bd. I, S. 773

68 Ebenda, Bd. II, S. 774 –778

69 Ebenda, S. 773

70 Loren A. McIntyre: Die amerikanische Reise. Auf den Spuren Alexander von Humboldts. Hamburg 2000, S. 125

71 Alexander von Humboldt: Reise in die Äquinoktial-Gegenden des Neuen Kontinents, a. a. O., Bd. II, S. 888

72 Ebenda, S. 921

73 Ebenda

74 Ebenda, S. 796 f.

75 Ebenda, S. 1150

76 Ebenda, S. 1153

77 Alexander von Humboldt: Reise in die Äquinoktial-Gegenden des Neuen Kontinents, a. a. O., Bd. I, S. 256

78 Ebenda, S. 255 f.

79 Ebenda, S. 357

80 Otto Krätz: Alexander von Humboldt, a. a. O., S. 105

81 Alexander von Humboldt: Reise in die Äquinoktial-Gegenden des Neuen Kontinents, a. a. O., Bd. I, S. 362

82 Alexander von Humboldt: Ansichten der Natur (STA), a. a. O., S. 14

83 Loren A. McIntyre, a. a. O., S. 96

84 Alexander von Humboldt: Ansichten der Natur (STA), a. a. O., S. 17 f.

85 Ebenda, S. 192

86 Ebenda, S. 184

87 Ebenda

88 Ebenda, S. 192

89 Alexander von Humboldt: Reise in die Äquinoktial-Gegenden des Neuen Kontinents, a. a. O., Bd. II, S. 1442 f.

90 Alexander von Humboldt: Cuba-Werk (STA), a. a. O., Bd. V

91 Alexander von Humboldt: Essai politique sur l'île de Cuba. Paris 1826

92 Alexander von Humboldt: Cuba-Werk (STA), a. a. O., Bd. V, S. 156

93 Ebenda, S. 161

94 Loren A. McIntyre, a. a. O., S. 223

95 Alexander von Humboldt: Über einen Versuch den Gipfel des Chimborazo zu ersteigen. Hg. von Oliver Lubrich und Ottmar Ette. Berlin 2006, S. 84

96 Ebenda, S. 85

97 Ebenda, S. 86

98 Ebenda, S. 97

99 Ebenda, S. 98

100 Loren A. McIntyre, a. a. O., S. 211 f.

101 Ebenda, S. 217

102 Alexander von Humboldt: Über einen Versuch, den Gipfel des Chimborazo zu ersteigen, a. a. O., S. 109 f.

103 Alexander von Humboldt: Mexico-Werk. Politische Ideen zu Mexico. Mexicanische Landeskunde (STA), a. a. O., Bd. IV, S. 181 f.

104 Horst Fiedler und Ulrike Leitner, a. a. O., S. 183

105 Loren A. McIntyre, a. a. O., S. 303

106 Alexander von Humboldt: Essai sur la géographie des plantes, accompagné d'un tableau physique des régions équinoxiales. Paris / Tübingen 1807

107 Hanno Beck und Wolfgang-Hagen Hein: Humboldts Naturgemälde der Tropenländer und Goethes

ideale Landschaft. Zur ersten Darstellung der Ideen zu einer Geographie der Pflanzen. Stuttgart 1989, Tafel II

108 Hartmut Böhme: «Goethe und Alexander von Humboldt. Exoterik und Esoterik einer Beziehung». In: Ernst Osterkamp (Hg.): Wechselwirkungen. Kunst und Wissenschaft in Berlin und Weimar im Zeichen Goethes. Bern u. a. 2002, S. 173

109 Hanno Beck und Wolfgang-Hagen Hein, a. a. O., Tafel II

110 Ludwig Geiger: Goethes Briefwechsel mit Wilhelm und Alexander von Humboldt. Berlin 1909, S. 299

111 Peter Berglar, a. a. O, S. 159

112 Ludwig Geiger, a. a. O., S. 297 f.

113 Kurt-R. Biermann, Ilse Jahn und Fritz G. Lange (Hg.), a. a. O., S. 34

114 Alexander von Humboldt: Ansichten der Natur (STA), a. a. O., S. 374

115 Ebenda, S. 375

116 Ebenda, S. X

117 Kurt-R. Biermann, Ilse Jahn und Fritz G. Lange (Hg.), a. a. O., S. 35

118 Alexander von Humboldt: Ansichten der Natur (STA), a. a. O., S. X

119 Alexander von Humboldt: Schriften zur Geographie der Pflanzen (STA), Bd. I, S. 40 – 161

120 Ebenda

121 Alexander von Humboldt: Ansichten der Natur (STA), a. a. O., S. IX

122 Goethes Werke (HA), a. a. O., Die Wahlverwandtschaften. Bd. VI, Romane und Novellen I, S. 416

123 Alexander von Humboldt: Die Kosmos-Vorträge 1827 / 28 in der Berliner Singakademie. Hg. von Jürgen Hamel und Klaus-Harro Tiemann. Frankfurt a. M. 2004, S. 162

124 Ebenda, S. 169

125 Ebenda, S. 169 f.

126 Ebenda, S. 172

127 Ebenda, S. 172

128 Ebenda, S. 173

129 Horst Fiedler und Ulrike Leitner, a. a. O., S. 66 – 339

130 Herbert Scurla: Alexander von Humboldt. Sein Leben und Wirken. Berlin 1985, S. 223

131 Kurt.-R. Biermann, Ilse Jahn und Fritz G. Lange (Hg.), a. a. O., S. 41

132 Herbert Scurla, a. a. O., S. 230

133 Kurt-R. Biermann, Ilse Jahn und Fritz G. Lange (Hg.), a. a. O., S. 43

134 Herbert Scurla, a. a. O., S. 231

135 Kurt-R. Biermann, Ilse Jahn und Fritz G. Lange (Hg.), a. a. O., S. 47

136 Alexander von Humboldt: Die Kosmos-Vorträge 1827 / 28 in der Berliner Singakademie, a. a. O., S. 11

137 Alexander von Humboldt: Kosmos. Entwurf einer physischen Weltbeschreibung (STA). Bd. I – II. Darmstadt 1993, Bd. I, S. 7

138 Ebenda, Bd II, S. 348

139 Ebenda, S. 349

140 Ilse Jahn und Andreas Kleinert: Das Allgemeine und das Einzelne. Johann Wolfgang von Goethe und Alexander von Humboldt im Gespräch. Halle (Saale) 2003

141 Goethes Werke (HA), a. a. O., Bd. III, Faust I, Vers 383

142 Alexander von Humboldt: Kosmos (STA), a. a. O., Bd. I, S. 59

143 Frankfurter Allgemeine Zeitung vom 14. Januar 2008, S. 7

144 Vgl. Alexander von Humboldt: Ansichten der Natur (STA), a. a. O., S. 175 – 297

145 Alexander von Humboldt: Kosmos (STA), a. a. O., Bd. I, S. 312

146 Ebenda, S. 313

147 Ebenda, S. 312

148 Ebenda

149 Werner E. Gerabek, Bernhard

D. Haage, Gundolf Keil und Wolfgang Wegner (Hg.), a. a. O., S. 1300 f.

150 Ebenda, S. 319

151 Ebenda, S. 320

152 Charles Darwin: Über die Entstehung der Arten im Thier- und Pflanzen-Reich durch natürliche Züchtung, oder Erhaltung der vervollkommneten Rassen im Kampfe um's Daseyn. Nach der zweiten (englischen) Auflage mit einer geschichtlichen Vorrede und anderen Zusätzen des Verfassers für diese deutsche Ausgabe aus dem Englischen übersetzt und mit Anmerkungen versehen von Dr. H. G. Bronn. Stuttgart 1860

153 Alexander von Humboldt: Kosmos (STA), a. a. O., Bd. I

154 Herbert Scurla, a. a. O., S. 256–259

155 Ebenda, S. 265

156 Horst Fiedler und Ulrike Leitner, a. a. O., S. 348–365

157 Kurt-R. Biermann, Ilse Jahn und Fritz G. Lange (Hg.), a. a. O., S. 79

158 Alexander von Humboldt: Ansichten der Natur (STA), a. a. O., S. 322

ZEITTAFEL

1769　14. September: Geburt von Alexander von Humboldt in Berlin

1779　6. Januar: Tod des Vaters Major Alexander Georg von Humboldt

1787–88　Studium an der Universität von Frankfurt an der Oder

1789–90　Studium an der Universität Göttingen

1790　25. März –11. Juli: Reise mit Georg Forster an den Rhein, in die Niederlande sowie nach England und Frankreich

1790–91　Studium an der Handelsakademie von Johann Georg Büsch in Hamburg

1791　14. Juni: Humboldt beginnt ein Studium an der Bergakademie im sächsischen Freiberg, nachdem er sich am 14. Mai erfolgreich um eine Anstellung im preußischen Bergdienst beworben hatte.

1792　6. März: Nach Abschluss seines Studiums wird Humboldt zum «Assessor cum voto» im preußischen Bergdepartement ernannt; 6. September: Beförderung zum Oberbergmeister in den fränkischen Fürstentümern; 22. September: Beginn einer bergmännischen Besichtigungsreise durch Franken, Bayern, Österreich und Polen

1793　15. Januar – 24. Mai: Aufenthalt in Berlin; 30. Mai: endgültiger Dienstantritt in den fränkischen Fürstentümern

1794　April: Humboldt wird zum Bergrat befördert.

1795　16. April – 20. April: in Jena, wo er Kontakt mit Johann Wolfgang von Goethe und seinem Bruder Wilhelm hat; 17. Juli bis Anfang November: Reise nach Oberitalien und in die Schweiz

1796　19. November: Tod der Mutter Marie Elisabeth von Humboldt, geb. Colomb, verwitwete von Holwede; Humboldt scheidet zum 31. Dezember aus dem preußischen Staatsdienst aus.

1797　1. März – 25. April: in Jena und Weimar; Vorstellung galvanischer Experimente in Anwesenheit des Herzogs Carl August von Weimar; im August Aufenthalt in Wien und Salzburg (Vorbereitung auf die große Forschungsreise)

1798　12. Mai: in Paris, wo er Kontakt zum französischen Botaniker Aimé Bonpland hat; Ende Oktober bis Dezember in Südfrankreich

1799　März: am Hof des spanischen Königs Karl IV.; Aufenthaltsgenehmigung für die spanischen Kolonien; 5. Juni: Abreise vom spanischen Hafen La Coruña; 19. Juni – 25. Juni: auf Teneriffa; 16. Juli – 18. November: in Cumaná (heutiges Venezuela)

1800　7. Februar: Aufbruch von Caracas zur Orinoco-Reise; 27. August: erneuter Aufenthalt in Cumaná; 24. November: Aufbruch von Nueva Barcelona zu einer Fahrt durch die Karibik nach Kuba (bis 5. März 1801)

1801　30. März: Ankunft in Cartagena (Kolumbien); 6. Juli bis 8. September: Humboldt wohnt beim Botaniker José Celestino Mútis in Bogotá (Kolumbien).

1802　23. Juni: Besteigung des Chimborazo; 22. Oktober: in Lima (Peru); 5. Dezember:

Abreise vom peruanischen Hafen Callao in Richtung Mexiko

1803 22. März: Ankunft in Acapulco; Aufenthalt in Mexiko bis zum Frühjahr 1804

1804 20. Mai – 30. Juni: in den USA, mehrfaches Zusammentreffen mit dem amerikanischen Präsidenten Thomas Jefferson; 1. August: Humboldt kehrt aus Amerika zurück und betritt am 3. August in Bordeaux europäischen Boden.

1805 Beginn der Arbeit am Reisewerk; Besuch des Bruders Wilhelm in Italien und mehrfache Besteigung des Vesuvs; 21. November: Antrittsrede in der Akademie der Wissenschaften in Berlin; im Dezember Ernennung zum preußischen Kammerherrn

1806 30. Januar: Vortrag über die Physiognomik der Pflanzen in der Akademie der Wissenschaften in Berlin

1807 Veröffentlichung von *Ideen zu einer Geographie der Pflanzen nebst einem Naturgemälde der Tropenländer*; Goethe zeichnet die noch fehlende Profiltafel «Höhe der alten und neuen Welt bildlich verglichen».

1808 Humboldt beschließt, dauerhaft in Paris zu bleiben; Veröffentlichung der *Ansichten der Natur*.

1809 In Paris lernt Humboldt den Physiker und Astronom François Arago kennen, mit dem ihn eine lebenslange Freundschaft verbinden wird.

1814 April: Wilhelm von Humboldt besucht seinen Bruder in Paris, die Humboldts werden dem französischen König Louis XVIII. vorgestellt; Juni: Alexander und Wilhelm von Humboldt begleiten den preußischen König Friedrich Wilhelm III. zu einem politischen Besuch nach London.

1818 Oktober: Humboldt trifft in Aachen auf einem Kongress den preußischen König Friedrich Wilhelm III., der ihm eine finanzielle Unterstützung für eine geplante Reise nach Asien gewährt.

1822 Humboldt nimmt an einem Kongress in Verona teil und bleibt den Rest des Jahres in Italien.

1827 14. April: Humboldt verlässt Paris und verlegt seinen Wohnsitz dauerhaft nach Berlin; 6. Dezember: Beginn der von ihm später als *Kosmos-Vorlesungen* bezeichneten Vorträge an der Singakademie in Berlin

1828 27. März: letzte *Kosmos-Vorlesung*; 18. – 24. September: VII. Versammlung der «Gesellschaft Deutscher Naturforscher und Ärzte» in Berlin; Humboldt führt den Vorsitz und hält die Eröffnungsrede. Der Mathematiker Carl Friedrich Gauß wohnt bei Humboldt.

1829 26. März: Tod der Schwägerin Caroline von Humboldt; 12. April – 28. Dezember: Reise nach Russland und Sibirien auf Einladung des russischen Zaren Nikolaus I.

1831 26./27. Januar: Auf der Rückfahrt von seiner ersten diplomatischen Mission in Paris besucht Humboldt in Weimar Goethe; 21. Februar – Ende April 1832: Humboldt erneut in Paris

1835 8. April: Tod des Bruders Wilhelm auf Schloss Tegel; von August bis Dezember: erneute diplomatische Mission in Paris

1837 September: Teilnahme an den Feierlichkeiten zum hundertjährigen Bestehen der Universität Göttingen; Besuch bei Carl Friedrich Gauß

1838 13. August: wieder in diplomatischer Mission in Paris, wo er bis zum Januar 1839 bleibt.

1840 Dezember: Humboldt wird Mitglied des preußischen Staatsrats.

1841 Von Mai bis November: Fünfte diplomatische Mission in Paris (in den folgenden Jahren werden noch drei folgen); er dient inzwischen dem preußischen König Friedrich Wilhelm IV.

1845 *Kosmos. Entwurf einer physischen Weltbeschreibung. Band I*; bis 1862 erscheinen die weiteren vier Bände.

1859 13. April: letzte Durchsicht des *Kosmos*-Manuskripts; 6. Mai: Tod um 14.30 Uhr auf Schloss Tegel; 11. Mai: Beisetzung im Park des Tegeler Schlosses.

ZEUGNISSE

Caroline de la Motte-Fouqué

Alles ist bei den Humboldts wie es war. In dem Hause ändert sich nichts, weder die Menschen noch ihre Art und Weise. [...] Von den Söhnen kann ich dir nur sagen, daß Wilhelm bei aller Gelehrsamkeit nichts weniger als ein Pedant ist. [...] Alexander ist eher un petit esprit malin. («gerissenes Kerlchen»). Uebrigens außerordentlich talentvoll, er zeichnete, schon ehe er Unterricht nahm, Köpfe und Landschaften. In der Schlafstube der Mutter hängen alle diese Produkte an den Wänden. Jetzt ist er in der gereiften Periode der aufwachenden Galanterie gegen Damen. Er trägt zwei lange stählerne Uhrketten, tanzt, macht Conversation im Cabinet seiner Mutter, kurz man sieht, er fängt an eine Rolle zu spielen. Er erinnert sehr an den Vater.

Der Schreibtisch oder alte und neue Zeit.
Köln 1833, S. 6 f.

Wilhelm von Humboldt

Alexander ist heute früh abgereist, die Trennung von ihm tat mir weh, er ist sehr gut geworden und doch bei weitem anders, als ich ihn mir dachte. Ich will nicht streiten, daß er nicht eitel sei, aber er läßt es doch wenig blicken, hat eine Anschauung fremder Größe und Schönheit und anspruchslose Bewunderung, wo er sie zu finden glaubt. Etwas eigentlich Großes habe ich, genau genommen, nicht in ihm gefunden, aber eine doch bei weitem mehr als gewöhnliche Wärme, Fähigkeit zu jeglicher Aufopferung und große und starke Anhänglichkeit. Glücklich wird er schwerlich je sein, er ist nicht ruhig und wird es nie werden, weil ich doch nie glaube, daß irgend

ein Interesse sein Herz beschäftigen wird, und er doch gerade für eine solche Existenz Sinn und Achtung hat. Er wird nie mit sich zufrieden sein, weil er fühlt, daß er sich selbst nicht auszufüllen vermag. Hie und da hat er dies sogar gegen mich geäußert, obgleich meist wie ein Schleier zwischen uns über unsern innersten Gefühlen hing, den jeder sah und keiner aufzuheben wagte.

In: Anna von Sydow: Wilhelm und Karoline von Humboldt in ihren Briefen. Berlin 1906–1916, Bd. I, S. 477 f.

Johann Wolfgang von Goethe

Bei der [Vielgeschäftigkeit der Jenenser Freunde] bringt noch die Gegenwart des jüngern von Humboldt, die allein hinreichte, eine ganze Lebensepoche interessant auszufüllen, alles in Bewegung, was nur chemisch, physisch und physiologisch interessant sein kann, sodaß es manchmal recht schwer wird, mich in meinen Kreis zurückzuziehen.

Franz Thomas Bratranek (Hg.): Goethes Briefwechsel mit den Gebrüdern Humboldt (1795–1832). Leipzig 1876, S. 347

Friedrich Schiller

Ueber Alexandern habe ich noch kein rechtes Urteil, ich fürchte aber, trotz aller seiner Talente und seiner rastlosen Thätigkeit wird er in seiner Wißenschaft nie etwas Großes leisten. Eine zu kleine unruhige Eitelkeit beseelt noch sein ganzes Wirken, ich kann ihm keinen Funken eines reinen objectiven Interesse abmerken, und wie sonderbar es auch klingen mag, so finde ich in ihm [...] eine Dürftigkeit des Sinnes, die bei dem Gegenstande, den er behandelt, das schlimmste Uebel ist. [...] Kurz mir scheint er für seinen Gegenstand ein viel zu grobes Organ und dabei ein viel zu beschränkter Verstandesmensch zu seyn. Er hat

Alexander von Humboldt.
Porträtbüste von Pierre-Jean
David d'Angers, 1843

keine Einbildungskraft und so
fehlt ihm nach meinem Urtheil das
nothwendigste Vermögen zu seiner
Wißenschaft – denn die Natur muß
angeschaut und empfunden werden,
in ihren […] Erscheinungen, wie in
ihren höchsten Gesetzen. Alexander
imponirt sehr vielen, und gewinnt
in Vergleichung mit seinem Bruder
meistens, weil er ein Maul hat und
sich geltend machen kann. Aber ich
kann sie, dem absoluten Werth nach,
gar nicht miteinander vergleichen,
so viel achtungswürdiger ist mir
Wilhelm.

*Schillers Werke. Nationalausgabe.
Bd. 29. Briefwechsel. Schillers Briefe
1. 11. 1796 – 31. 10. 1798. Hg. von
Norbert Oellers und Frithjof Stock.
Weimar 1977, S. 112 f.*

Rosa Montúfar

Der Baron war immer galant und
liebenswürdig. Bei Tisch verweilte
er indessen nie länger, als nothwen-
dig war, den Damen Artigkeiten zu
sagen und seinen Appetit zu stillen.
Dann war er immer wieder draußen,
schaute jeden Stein an und sammelte
Kräuter. Bei Nacht, wenn wir längst
schliefen, guckte er sich die Sterne
an. Wir Mädchen konnten all das
noch viel weniger begreifen als der
Marquis, mein Vater.

*In: Moritz Wagner: Über einige
hypsometrische Arbeiten in den süd-
amerikanischen Anden von Ecuador
mit besonderer Berücksichtigung der
Umgebungen des Chimborazo und des
Cotopaxi. Berlin 1864, S. 235*

Johann Peter Eckermann

Ich fand Goethe in einer sehr heiter
aufgeregten Stimmung. «Alexander
von Humboldt ist diesen Morgen
einige Stunden bei mir gewesen»,
sagte er mir sehr belebt entgegen.
«Was ist das für ein Mann! Ich kenne
ihn so lange und doch bin ich von
neuem über ihn in Erstaunen. Man
kann sagen, er hat an Kenntnissen
und lebendigem Wissen nicht seines-
gleichen. Und eine Vielseitigkeit,
wie sie mir gleichfalls noch nicht
vorgekommen ist! Wohin man rührt,
er ist überall zu Hause und über-

schüttet uns mit geistigen Schätzen.
Er gleicht einem Brunnen mit vielen
Röhren, wo man überall nur Gefäße
unterzuhalten braucht und wo es
immer erquicklich und unerschöpf-
lich entgegenströmt. Er wird einige
Tage hier bleiben, und ich fühle
schon, es wird mir sein, als hätte ich
Jahre verlebt.»

*Johann Peter Eckermann: Gespräche
mit Goethe in den letzten Jahren seines
Lebens. Hg. von Heinrich Hubert
Houben. Bd. I. Leipzig 1948, S. 188*

Karl August
Varnhagen von Ense

Humboldt besuchte mich heute; er
hat sehr gealtert, seit ich ihn nicht
gesehen, aber sein Geist und Muth
sind frisch. Er war in Paris vergnügt
und heiter, hier (Berlin!) hat sich
gleich eine trübe Stimmung über
ihn gelegt; was er vorgefunden, ist,
wie er sagt erbärmlich […]. Zu dem
wird er mit Klagen und Ansprüchen
bestürmt, alle Leute wollen, er soll
für sie sprechen, seinen Einfluß
für sie verwenden. «Einfluß!» ruft
er aus, – «Niemand hat ihn! Auch
Bunsen und Radowitz, die Günst-
linge des Königs, haben keinen, sie
können nichts, als die erspähten Ein-
bildungen und Schwächen nähren,
ihnen dienen und opfern […].

*Briefe von Alexander von Humboldt
an Varnhagen von Ense aus den
Jahren 1827 bis 1858. Nebst Auszügen
aus Varnhagen's Tagebüchern, und
Briefen von Varnhagen und Andern an
Humboldt. Bd. I. Leipzig 1860, S. 123*

Heinrich Brugsch

Seine Wohnung lag in der Oranienburger Straße, ganz in der Nähe
der vortrefflichen Mätznerschen
Töchterschule und gegenüber einer
Apotheke. Eine Gedenktafel an
demselben befindet sich heutzutage
unterhalb des ersten Stockwerkes,
das er allein bewohnte und in
welchem er seine letzten arbeits-
reichen Jahre bis zu seinem Tode
verlebte. Sein schmuckloses Arbeitszimmer, ein kleines, einfenstriges
Zimmer, lag nach dem Hofe hinaus,
an dessen Hinterseite sich ein Gärt-
chen befand, dessen Mauer an die
Johannisstraße stieß. Ein später
Spaziergänger konnte von hier aus
noch um drei Uhr nachts das er-
leuchtete Fenster erkennen, hinter
welchem der unsterbliche Gelehrte
vor einem Tische saß, um seinen
Kosmos niederzuschreiben. Erst
gegen vier Uhr pflegte er sein Bett
in einem winzig kleinen Alkoven
aufzusuchen, in welchem auch
seinen Geist aufgab.

*Mein Leben und mein Wandern. Berlin
1894, S. 25 ff.*

Christian Gottfried
Ehrenberg

Im Glanze einer freilich milden, bei
dem Sinken immer größer werden-
den Abendsonne ist Alexander von
Humboldt von uns […] geschieden.
Es ist nicht zuviel, auch an dieser
Stelle ist es auszusprechen: eine
neue Epoche der Erd- und Weltanschauung begann mit seinen Schriften. Es hallt seine nicht pedantisch
wissenschaftliche, nicht kalte, nicht
rhetorisch oberflächliche, seine im
edlen tiefen Ernst der Forschung
überzeugend belehrende, erfreuende,
warme, den Menschen auf der Erde
und im Weltraum gern heimisch
wissende […] Sprache […] wider […].
Schwer ist es, das weithin segensvol-
le gewaltige Leben des Vollendeten
[…] in Übersicht zu bringen und das
so vielseitig von den Zeitgenossen
durchgefühlte Große […] so darzustellen, daß nicht das Vergängliche
und Vergangene […] entmutigend
wirkt, sondern das Bleibende die mit-
lebenden und kommenden Genera-
tionen […] zu rüstiger Nacheiferung
entflammt.

*In: Herbert Scurla: Alexander von
Humboldt. Berlin 1985, S. 383 f.*

BIBLIOGRAPHIE

«Unter den hervorragenden Persönlichkeiten der deutschen Kultur- und Wissenschaftsgeschichte dürfte es keine zweite geben, deren Werk so umfangreich, so vielfältig und dabei so schwer überschaubar und bibliographisch so unerschlossen ist wie dasjenige Alexander von Humboldts.» Dieses Zitat von Horst Fiedler und Ulrike Leitner, das aus «Alexander von Humboldts Schriften. Bibliographie der selbständig erschienenen Werke» (Berlin 2000) stammt, ist nach wie vor gültig. Zu Humboldts Werken gibt es bis zum heutigen Tage keine historisch-kritische Gesamtausgabe. Viele Bände, vor allem das Reisewerk, sind über Jahrzehnte an unterschiedlichen Orten in vielen kleinen Teilen erschienen. Deshalb wurde in dieser Monographie auf eine ausführliche Bibliographie zur Primärliteratur verzichtet. Wer einen Überblick zu Humboldts Schriften sucht, der greife daher zum Werk von Fiedler / Leitner. Der Ausdruck «work in progress» gilt nicht nur für Humboldts Verständnis von Wissenschaft, sondern auch für das Erschließen seiner Bücher.

Primärquellen

Geiger, Ludwig: Goethes Briefwechsel mit Wilhelm und Alexander von Humboldt. Berlin 1909

Humboldt, Alexander von: Mineralogische Beobachtungen über einige Basalte am Rhein. Braunschweig 1790

Humboldt, Alexander von: Ansichten der Natur mit wissenschaftlichen Erläuterungen. Bd. I. Tübingen 1808

Humboldt, Alexander von: Ansichten der Natur mit wissenschaftlichen Erläuterungen. Bd. I – II. Stuttgart / Tübingen 1826

Humboldt, Alexander von: Studienausgabe (STA). Hg. von Hanno Beck. Bd. I – VIII. Darmstadt 1987 – 1997

Humboldt, Alexander von: Ansichten der Natur. Hg. von Adolf Meyer-Abich. Stuttgart 1999

Humboldt, Alexander von: Die Reise nach Südamerika. Vom Orinoko zum Amazonas. Nach der Übersetzung von Hermann Hauff. Göttingen 1990

Humboldt, Alexander von: Reise in die Äquinoktial-Gegenden des Neuen Kontinents. Hg. von Ottmar Ette. Bd. I – II. Frankfurt a. M. / Leipzig 1999

Humboldt, Alexander von: Über die Freiheit des Menschen. Auf der Suche nach Wahrheit. Frankfurt a. M. 1999

Humboldt, Alexander von: Die Kosmos-Vorträge 1827 / 28. Frankfurt a. M. / Leipzig 2004

Humboldt, Alexander von: Ansichten der Natur mit wissenschaftlichen Erläuterungen und sechs Farbtafeln nach Skizzen des Autors. Frankfurt a. M. 2004

Humboldt, Alexander von: Ansichten der Kordilleren und Monumente der eingeborenen Völker Amerikas. Vues des Cordillères et Monumens des Peuples Indigènes de l'Amérique. Hg. von Oliver Lubrich und Ottmar Ette. Frankfurt a. M. 2004

Humboldt, Alexander von: Kosmos. Entwurf einer physischen Weltbeschreibung. Hg. von Ottmar Ette und Oliver Lubrich. Frankfurt a. M. 2004

Humboldt, Alexander von: Über einen Versuch, den Gipfel des Chimborazo zu ersteigen. Hg. von Oliver Lubrich und Ottmar Ette. Frankfurt a. M. 2006

Humboldt, Alexander von: Es ist ein Treiben in mir. Entdeckungen und

Einsichten. Hg. von Frank Holl.
München 2009

Jahn, Ilse, und Fritz G. Lange: Die
Jugendbriefe Alexander von
Humboldts 1787–1799. Berlin 1973
(= Beiträge zur Alexander-von-
Humboldt-Forschung, Bd. 2)

Angesichts der Vielzahl an Veröffentlichungen über Alexander
von Humboldt wird an dieser Stelle
nur eine kleine Auswahl aus der
Sekundärliteratur vorgestellt.

Sekundärquellen

Beck, Hanno: Alexander von
Humboldt. Bd. I – II. Wiesbaden
1959–1961

–, und Wolfgang-Hagen Hein:
Humboldts Naturgemälde der
Tropenländer und Goethes ideale
Landschaft. Zur ersten Darstellung
der Ideen zu einer Geographie der
Pflanzen. Erläuterungen zu fünf
Profil-Tafeln in natürlicher Größe.
Stuttgart 1989

Biermann, Kurt-R., Ilse Jahn und Fritz
G. Lange: Alexander von Humboldt. Chronologische Übersicht
über wichtige Daten seines Lebens.
Berlin 1968

Böhme, Hartmut: «Ästhetische
Wissenschaft. Aporien der
Forschung im Werk Alexander von
Humboldts». In: Ottmar Ette, Ute
Hermanns, Bernd M. Scherer und
Christian Suckow (Hg.): Alexander
von Humboldt. Aufbruch in die
Moderne. Berlin 2001 (Beiträge
zur Alexander-von-Humboldt-
Forschung, Bd. 21), S. 17–32

–: «Alexander von Humboldts Entwurf einer neuen Wissenschaft».
In: Prägnanter Moment. Studien
zur deutschen Literatur der Aufklärung und Klassik. Festschrift für
Hans-Jürgen Schings. Würzburg
2002, S. 495–512

–: «Goethe und Alexander von
Humboldt. Exoterik und Esoterik
einer Beziehung». In: Ernst Osterkamp (Hg.): Wechselwirkungen.
Kunst und Wissenschaft in Berlin
und Weimar im Zeichen Goethes.
Bern u. a. 2002, S. 167–188

Botting, Douglas: Alexander von
Humboldt. Biographie eines großen
Forschungsreisenden. München
1974 und 1982

Ette, Ottmar: Weltbewusstsein.
Alexander von Humboldt und das
unvollendete Projekt einer anderen
Moderne. Weilerswist 2002

Feisst, Werner: Alexander von
Humboldt 1769–1859. Das Bild
seiner Zeit in 200 zeitgenössischen
Stichen. Wuppertal 1978

Fiedler, Horst, und Ulrike Leitner:
Alexander von Humboldts
Schriften. Bibliographie der selb-
ständig erschienenen Werke. Berlin
2000 (Beiträge zur Alexander-von-
Humboldt-Forschung, Bd. 20)

Hein, Wolfgang-Hagen: «Die ephesische Diana als Natursymbol bei
Alexander von Humboldt». In: Per-
spektiven der Pharmaziegeschich-
te. Festschrift für Rudolf Schmitz
zum 65. Geburtstag. Hg. von Peter
Dilg. Graz 1983, S. 131–146

–: Alexander von Humboldt und die
Pharmazie. Stuttgart 1988 (Veröffentlichungen der Internationalen Gesellschaft für Geschichte der
Pharmazie e. V., Bd. 56)

– (Hg.): Alexander von Humboldt.
Leben und Werk. Frankfurt a. M.
1985

Jahn, Ilse, und Andreas Kleinert: Das
Allgemeine und das Besondere.
Johann Wolfgang von Goethe
und Alexander von Humboldt im
Gespräch. Halle (Saale) 2003

Krätz, Otto: Alexander von Humboldt. Wissenschaftler, Weltbürger,
Revolutionär. München 2000

Kunst- und Ausstellungshalle der
Bundesrepublik Deutschland
(Hg.): Alexander von Humboldt –

Netzwerke des Wissens. Katalog konzipiert von Frank Holl. Haus der Kulturen der Welt (Berlin) vom 6. Juni bis 15. August 1999 und in der Kunst- und Ausstellungshalle der Bundesrepublik Deutschland (Bonn) vom 15. September 1999 bis 9. Januar 2000. Bonn 1999

Lindgren, Uta (Hg.): Alexander von Humboldt. Weltbild und Wirkung auf die Wissenschaften. Köln / Wien 1990

Maaß, Kurt-Jürgen (Hg.): Zur Freiheit bestimmt. Alexander von Humboldt – eine hebräische Lebensbeschreibung von Chaim Selig Slonimski (1810–1904). Bonn 1997

McIntyre, Loren A.: Die amerikanische Reise. Auf den Spuren Alexander von Humboldts. Hamburg 2000

Meyer-Abich, Adolf: Alexander von Humboldt. Reinbek 1967, [19]2008

Richter, Thomas: Alexander von Humboldt. Ansichten der Natur. Naturforschung zwischen Poetik und Wissenschaft. Tübingen 2009 (Stauffenburg Colloquium, 67)

Rübe, Werner: Alexander von Humboldt. Anatomie eines Ruhmes. München 1988

Schleucher, Kurt: Alexander von Humboldt. Der Mensch, der Forscher, der Schriftsteller. Darmstadt 1985

Scurla, Herbert: Alexander von Humboldt. Sein Leben und Wirken. Berlin 1985

Wachsmuth, Andreas B.: «Goethe und die Brüder von Humboldt». In: Albert Schäfer (Hg.): Goethe und seine großen Zeitgenossen. München 1968, S. 53–85

Internetquellen

www.humboldt-im-netz.de: Die Humboldt-Plattform im Netz, die von der Universität Potsdam sowie der Berlin-Brandenburgischen Akademie der Wissenschaften ins Leben gerufen wurde, bietet aktuelle Informationen aus aller Welt zu Kongressen, Vorträgen und Neuerscheinungen über Alexander von Humboldt.

NAMENREGISTER

Über den Autor

Thomas Richter, geboren 1965, studierte Pharmazie in Würzburg. Nach Erhalt seiner Approbation als Apotheker promovierte er mit einem wissenschaftsgeschichtlichen Thema über die Geschichte der Melisse zum Doktor der Naturwissenschaften. Um eine Brücke von der Natur- zur Geisteswissenschaft zu schlagen, nahm er ein Studium der Germanistik auf, das er mit einer Promotion über die «Ansichten der Natur» des Naturforschers Alexander von Humboldt abschloss. Neben seiner Tätigkeit als Apotheker hat er einen Lehrauftrag für die Fächer «Neuere deutsche Literaturgeschichte» sowie «Geschichte der Medizin» an der Universität Würzburg. In der pharmazeutischen Fachpresse publiziert er über kulturgeschichtliche Themen. Thomas Richter ist verheiratet und lebt in Würzburg.

Dank

«Zwerge auf den Schultern von Riesen». Mit diesem Gleichnis hat ein Gelehrter aus dem 12. Jahrhundert die Leistung eines Wissenschaftlers charakterisiert, der immer nur ein klein wenig mehr zu wissen scheint als seine Vorgänger. Ich danke daher vor allem meinen akademischen Lehrern von der Universität Würzburg, die mein interdisziplinäres Denken ganz entscheidend geprägt haben: dem Pharmazeutischen Biologen Professor Dr. Dr. hc. Franz-Christian Czygan, dem Medizinhistoriker Professsor Dr. Dr. Dr. hc. Gundolf Keil sowie den Germanisten Professor Dr. Wolfgang Riedel und Professor Dr. Helmut Pfotenhauer. Es ist nicht selbstverständlich, eine wissenschaftliche Tätigkeit mit einem praktischen Beruf zu verbinden. Deshalb danke ich meiner Mutter Frau Apothekerin Brigitte Richter für den notwendigen Freiraum, Wissenschaft und Apotheke miteinander zu kombinieren. Mit meinen Würzburger Promotionskolleginnen Dr. Christina Grund und Dr. Astrida Ment verbinden mich viele gemeinsame Gespräche über Alexander von Humboldt und die deutsche Literatur- und Wissenschaftsgeschichte. Der Vorschlag, eine neue Monographie über den preußischen Universalgelehrten zu verfassen, fiel im Rowohlt Verlag sofort auf fruchtbaren Boden. Uwe Naumann sei ganz herzlich für seine spontane Bereitschaft zur Kooperation gedankt. Die Zusammenarbeit mit meiner Lektorin Regina Carstensen und Katrin Finkemeier war sehr angenehm und dem Projekt äußerst förderlich. Ganz herzlich möchte ich mich bei meiner lieben Frau Claudia bedanken, die meine geisteswissenschaftlichen Interessenfelder immer von Herzen unterstützt hat.

QUELLENNACHWEIS DER ABBILDUNGEN

Manfred Geier
Die Brüder Humboldt
Eine Biographie
Die Brüder Humboldt waren einander zeitlebens sehr verbunden, dabei aber grundverschieden in Temperament und Interessenlage. Bestsellerautor Manfred Geier schildert in seiner Doppelbiographie das Wirken der beiden Brüder und entwirft zugleich ein Bild der glanzvollen Epoche, in der sie lebten.
Rowohlt 978-3-498-02511-3

Zwei Brüder,
die Geschichte machten

rororo

Werner Biermann
«Der Traum meines ganzen Lebens»
Humboldts amerikanische Reise
Werner Biermann zeichnet Alexander von Humboldts epochale Reise quer durch Süd- und Mittelamerika nach – seine abenteuerlichen Begegnungen ebenso wie seine atemberaubenden Entdeckungen. Historische Reportage und Charakterbild einer Weltfigur, die uns bis heute in ihren Bann schlägt.
Rowohlt.Berlin 978-3-87134-601-9

Peter Berglar
Wilhelm von Humboldt

rororo 50161

Thomas Richter
Alexander von Humboldt

rororo 50712

Weitere Informationen in der Rowohlt Revue *oder unter* www.rororo.de

rowohlts monographien

Politik und Geschichte

Anne Frank
Matthias Heyl
rororo 50524

Kemal Atatürk
Bernd Rill
rororo 50346

Friedrich II. der Große
Georg Holmsten
rororo 50159

Adolf Hitler
Harald Steffahn
rororo 50316

Katharina die Große
Reinhold Neumann-Hoditz
rororo 50392

Willy Brandt
Carola Stern
rororo 50576

August der Starke
Katja Doubek
rororo 50688

Napoleon
Volker Ullrich
rororo 50646

Marco Polo
Otto Emersleben
rororo 50473

Gandhi
Susmita Arp

Gandhi
Susmita Arp

rororo 50662

Weitere Informationen in der Rowohlt Revue *oder unter* www.rororo.de